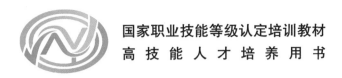

国家职业技能等级认定培训教材

高技能人才培养用书

U0367424

制冷工试题库

（中级）

国家职业技能等级认定培训教材编审委员会　组　编

李援瑛　主　编

刘总路　副主编

齐长庆　赵福仁　参　编

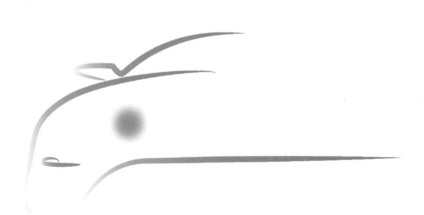

机械工业出版社

CHINA MACHINE PRESS

本书是依据《国家职业技能标准　制冷工》对中级制冷工的知识要求和技能要求，按照岗位培训需要的原则编写的。本书系统地介绍了制冷工（中级）职业技能等级认定的考核重点和试卷结构、理论知识考核指导、操作技能考核指导、中级制冷工理论知识考试模拟试卷及参考答案、中级制冷工操作技能考核模拟试卷。本书还配套多媒体资源，可通过封底"天工讲堂"刮刮卡获取。

本书可用作企业培训部门、职业技能等级认定培训机构的考前复习用书，也可作为技工学校、职业技术学校、各种短训班的教学参考书。

图书在版编目（CIP）数据

制冷工试题库：中级 / 李援瑛主编. —北京：机械工业出版社，2022.3

高技能人才培养用书　国家职业技能等级认定培训教材

ISBN 978-7-111-70159-0

Ⅰ.①制… Ⅱ.①李… Ⅲ.①制冷工程−职业技能−鉴定−习题集　Ⅳ.①TB6−44

中国版本图书馆CIP数据核字（2022）第027063号

机械工业出版社（北京市百万庄大街22号　邮政编码100037）
策划编辑：王振国　　　　　责任编辑：王振国　王　博
责任校对：肖　琳　张　薇　责任印制：李　昂
北京圣夫亚美印刷有限公司印刷
2022 年 5 月第 1 版第 1 次印刷
184mm×260mm · 10.5 印张 · 213 千字
标准书号：ISBN 978-7-111-70159-0
定价：49.80元

电话服务　　　　　　　　网络服务
客服电话：010-88361066　机　工　官　网：www.cmpbook.com
　　　　　010-88379833　机　工　官　博：weibo.com/cmp1952
　　　　　010-68326294　金　书　网：www.golden-book.com
封底无防伪标均为盗版　机工教育服务网：www.cmpedu.com

编审委员会

主　任　李　奇　荣庆华

副主任　姚春生　林　松　苗长建　尹子文
　　　　周培植　贾恒旦　孟祥忍　王　森
　　　　汪　俊　费维东　邵泽东　王琪冰
　　　　李双琦　林　飞　林战国

委　员　（按姓氏笔画排序）
　　　　于传功　王　新　王兆晶　王宏鑫
　　　　王荣兰　卜良勇　邓海平　卢志林
　　　　朱在勤　刘　涛　纪　玮　李祥睿
　　　　李援瑛　吴　雷　宋传平　张婷婷
　　　　陈玉芝　陈志炎　陈洪华　季　飞
　　　　周　润　周爱东　胡家富　施红星
　　　　祖国海　费伯平　徐　彬　徐丕兵
　　　　唐建华　阎　伟　董　魁　臧联防
　　　　薛党辰　鞠　刚

新中国成立以来，技术工人队伍建设一直得到了党和政府的高度重视。20世纪五六十年代，我们借鉴苏联经验建立了技能人才的"八级工"制，培养了一大批身怀绝技的"大师"与"大工匠"。"八级工"不仅待遇高，而且深受社会尊重，成为那个时代的骄傲，吸引与带动了一批批青年技能人才锲而不舍地钻研技术、攀登高峰。

进入新时期，高技能人才发展上升为兴企强国的国家战略。从2003年全国第一次人才工作会议，明确提出高技能人才是国家人才队伍的重要组成部分，到2010年颁布实施《国家中长期人才发展规划纲要（2010—2020年）》，加快高技能人才队伍建设与发展成为举国的意志与战略之一。

习近平总书记强调，劳动者素质对一个国家、一个民族发展至关重要。技术工人队伍是支撑中国制造、中国创造的重要基础，对推动经济高质量发展具有重要作用。党的十八大以来，党中央、国务院健全技能人才培养、使用、评价、激励制度，大力发展技工教育，大规模开展职业技能培训，加快培养大批高素质劳动者和技术技能人才，使更多社会需要的技能人才、大国工匠不断涌现，推动形成了广大劳动者学习技能、报效国家的浓厚氛围。

2019年国务院办公厅印发了《职业技能提升行动方案（2019—2021年）》，目标任务是2019年至2021年，持续开展职业技能提升行动，提高培训针对性实效性，全面提升劳动者职业技能水平和就业创业能力。三年共开展各类补贴性职业技能培训5000万人次以上，其中2019年培训1500万人次以上；经过努力，到2021年底技能劳动者占就业人员总量的比例达到25%以上，高技能人才占技能劳动者的比例达到30%以上。

目前，我国技术工人（技能劳动者）已超过2亿人，其中高技能人才超过5000万人，在全面建成小康社会、新兴战略产业不断发展的今天，建设高技能人才队伍的任务十分重要。

Preface

　　机械工业出版社一直致力于技能人才培训用书的出版，先后出版了一系列具有行业影响力，深受企业、读者欢迎的教材。欣闻配合新的《国家职业技能标准》又编写了"国家职业技能等级认定培训教材"。这套教材由全国各地技能培训和考评专家编写，具有权威性和代表性；将理论与技能有机结合，并紧紧围绕《国家职业技能标准》的知识要求和技能要求编写，实用性、针对性强，既有必备的理论知识和技能知识，又有考核鉴定的理论和技能题库及答案；而且这套教材根据需要为部分教材配备了二维码，扫描书中的二维码便可观看相应资源；这套教材还配合天工讲堂开设了在线课程、在线题库，配套齐全，编排科学，便于培训和检测。

　　这套教材的出版非常及时，为培养技能型人才做了一件大好事，我相信这套教材一定会为我国培养更多更好的高素质技术技能型人才做出贡献！

中华全国总工会副主席
高凤林

前 言

Foreword

　　为方便读者学习制冷工（中级）职业技能等级认定考核内容及相关知识，本书基于各地多数职业技能等级认定单位具有的活塞式制冷压缩机设备考核装置，系统地介绍了考核重点和试卷结构、理论知识和操作技能考核知识点，并附有模拟试卷及答案，以供读者自查自测。为使读者通过本书能学有所得，本书的编写重点放在与制冷工（中级）职业技能等级认定相关知识点的讲述上，使读者能读得懂学得会，尽快掌握制冷工（中级）职业技能等级认定考核内容及相关知识。本书中所涉及的制冷设备维修技术内容，概括了制冷工（中级）职业技能等级认定考核内容及相关知识，非常适合读者自学小冷库与商用制冷设备维修技术，更适合作为中等职业学校和制冷技术培训班的备考用书。

　　本书由李援瑛担任主编，刘总路担任副主编，参加编写的有齐长庆和赵福仁。

　　由于编者水平有限，书中难免有不妥之处，恳请广大读者批评指正。

编　者

目 录

Contents

目 录

Contents

第三部分　操作技能考核指导

Contents

第四部分　模拟试卷样例

一、考核重点

职业技能等级认定的基本依据是本职业的《国家职业技能标准》、理论知识考试要素细目表、操作技能考核内容结构表。考核重点采用表格形式呈现，它反映了当前本职业（工种）对从业人员理论知识和操作技能要求的主要内容。

1. 理论知识考试

理论知识考试要素细目表是以《国家职业技能标准》为依据，在对某一个职业等级的理论知识内容逐级细化后，形成的考核要点清单。它反映了本职业等级对从业人员在理论知识方面的具体要求，也是理论知识命题的基础。

理论知识考试要素细目表由三部分内容构成：一是表题，包括职业名称、鉴定等级、鉴定方式；二是鉴定范围，包括级别、名称、鉴定比重；三是鉴定点，包括序号、名称和重要程度。

鉴定点的重要程度是指一个鉴定点在本职业等级应具备的全部知识中所处的相对地位。重要程度分为重要、较重要、一般，代码分别用大写英文字母"X""Y"和"Z"表示。

制冷工（中级）理论知识考试要素细目表，见表1-1。

表 1-1 制冷工（中级）理论知识考试要素细目表

鉴定范围						鉴 定 点		
一级		二级		三级		序号	名　称	重要程度
名称	鉴定比重	名称	鉴定比重	名称	鉴定比重			
基本要求	30	职业道德	5	职业道德基本知识	5	1	职业定义的基本构成要素	X
						2	制冷工职业定义	X
						3	制冷工职业的基本要求	X
						4	职业道德的基本概念	X
						5	职业责任的概念	X

（续）

鉴定范围						鉴定点		
一级		二级		三级				
名称	鉴定比重	名称	鉴定比重	名称	鉴定比重	序号	名　称	重要程度
基本要求	30	职业道德	5	职业道德基本知识	5	6	职业道德的作用	X
						7	职业守则的定义	X
						8	制冷工职业守则的基本内容	X
						9	职业守则中制冷设备安全运行的意义	X
		基础知识	25	制冷系统控制知识	10	1	电路的基本概念	X
						2	电流的基本概念	X
						3	电阻的连接方式	X
						4	交流电的周期、频率和角频率	Y
						5	相位、初相位、相位差	X
						6	绘制电气原理图的一般规则	X
						7	绘制接线图的规则	X
						8	半导体二极管的伏安特性	X
						9	晶体管的基本结构	X
						10	桥式整流原理	X
						11	内存储器的概念	Y
						12	低压控制器的作用	X
						13	YWK 型压力控制器的适用范围	X
						14	YWK-22 型压力控制器高低压值的确定	X
						15	YWK 型压力控制器的调节	X
						16	电容滤波电路的构成	Y
						17	计算机系统的组成	Y
						18	高压控制器的作用及手动复位	Y
						19	使用压差控制器的目的	Y
				工程热力学基础知识	5	1	温度的换算	X
						2	压力的表示	X
						3	显热的概念	X
						4	潜热的概念	X
						5	制冷技术中蒸发的含义	X
						6	制冷技术中冷凝的含义	X

（续）

鉴定范围						鉴定点		
一级		二级		三级				
名称	鉴定比重	名称	鉴定比重	名称	鉴定比重	序号	名　称	重要程度
基本要求	30	基础知识	25	工程热力学基础知识	5	7	饱和状态的概念	X
						8	过冷状态的概念	X
						9	过热状态的概念	X
						10	热量转移的方式	X
				流体力学基础知识	5	1	流体的特殊物理性质	X
						2	流体稳定流动时的连续性方程式	X
						3	理想流体的伯努利方程式	X
						4	流体流动的特点	Y
						5	雷诺数的概念	Y
						6	流体流动的速度	Y
						7	流体的阻力	Y
						8	降低流体阻力的方法	Y
						9	水锤现象	Y
						10	空蚀现象	Y
				传热学基础知识	2	1	热导率的概念	X
						2	无相变的热量计算	X
						3	表面换热系数的概念	Y
						4	平壁的稳态导热	X
						5	热流量与热导率的关系	X
						6	对流换热的特点	X
						7	热辐射的特点	X
						8	表面换热系数的变化特点	X
				单级蒸气压缩式制冷循环	1	1	蒸气压缩式制冷循环的结构	X
						2	制冷压缩机的功能	Y
				两级蒸气压缩式制冷循环	2	1	采用两级压缩式制冷循环的目的	X
						2	单级压缩机采用较大压缩比时存在的问题	X
						3	两级压缩式制冷循环	X
						4	一级节流中间不完全冷却循环	X

（续）

鉴定范围						鉴定点		
一级		二级		三级		序号	名　称	重要程度
名称	鉴定比重	名称	鉴定比重	名称	鉴定比重			
相关知识	70	制冷系统的负荷、制冷量及控制仪表	5	制冷系统的负荷与制冷量	3	1	冷负荷与制冷量的关系	X
						2	活塞式压缩机的理想工作过程	X
						3	活塞式压缩机的理论输气量	X
						4	活塞式压缩机的实际工作过程	X
						5	影响活塞式压缩机输气量的四个因素	X
						6	相对余隙容积的概念	Y
						7	压缩比的概念	X
				制冷系统中控制仪表	2	1	压力式温度计的使用方法	X
						2	U 形压力表的合理使用	Z
						3	弹簧式压力表的使用方法	Y
						4	压力表的定期检测	X
		制冷系统的运行操作	10	制冷系统的排污及气密性试验	3	1	制冷系统排污使用的气体	X
						2	制冷系统排污的气体压力	Y
						3	压力试验的压力规定及合格标准	X
						4	真空试验的压力规定及合格标准	X
						5	充工质试验的压力规定及合格标准	Y
						6	制冷系统气密性试验的操作	X
				充加制冷剂	3	1	氨与水的溶解性	Y
						2	氨对金属材料的腐蚀性	X
						3	氨气的爆炸性	X
						4	R12 的溶水性	X
						5	R22 的渗透性	X
						6	无机化合物制冷剂的编号方法	X
						7	共沸溶液制冷剂的编号方法	X
						8	液体工质容器对其安全装载量的规定	X
				冷冻机油的添加和更换	2	1	冷冻机油对闪点的要求	X
						2	冷冻机油对凝固点的要求	Y
						3	氨与冷冻机油的混合情况	X
						4	R22 与冷冻机油的混合情况	X
						5	冷冻机油的更换指标	X

（续）

鉴定范围					鉴定点		
一级		二级		三级			
名称	鉴定比重	名称	鉴定比重	名称	鉴定比重	序号	名　称	重要程度
相关知识	70	制冷系统的运行操作	10	异常情况的处理	1	1	压缩机声响异常的处理措施	Y
						2	冰塞的处理	Z
				融霜操作	1	1	常用的融霜方法	Y
						2	制冷剂热融霜的安全操作	X
		制冷系统的调整	15	制冷系统基本参数的调整	7	1	影响制冷系数的主要因素	X
						2	蒸发温度和蒸发压力的关系	Z
						3	蒸发温度和机组产冷量的关系	X
						4	蒸发温度对排气温度的影响	X
						5	蒸发温度对单位压缩功的影响	X
						6	蒸发温度的调整原则	X
						7	冷凝温度和冷凝压力的关系	Y
						8	冷凝压力和压缩比的关系	Y
						9	压缩比和机组产冷量的关系	X
						10	蒸发温度和冷凝温度的调整原则	X
						11	蒸发温度和工艺温度的关系	Y
						12	被冷却介质为强制循环水及盐水时，蒸发温度和工艺温度的温差	X
						13	被冷却介质为自然对流的空气时，蒸发温度和工艺温度的温差	X
						14	冷却介质的流量和温度对冷凝压力的影响	X
						15	冷凝温度和冷却水出水温度的关系	X
						16	冷却水泵水量和冷凝器实际耗水量的关系	X
						17	冷凝压力与空气相对湿度的关系	X
				制冷系统设备的调试	8	1	余隙容积的组成	Y
						2	顶部间隙和余隙容积的关系	X
						3	70系列压缩机的顶部间隙	X
						4	100系列压缩机连杆大头轴瓦与曲轴的配合间隙	X

（续）

鉴定范围						鉴定点		
一级		二级		三级				
名称	鉴定比重	名称	鉴定比重	名称	鉴定比重	序号	名　　称	重要程度
相关知识	70	制冷系统的调整	15	制冷系统设备的调试	8	5	125 系列压缩机活塞环的搭口间隙	X
						6	压缩机空机运行的意义	X
						7	压缩机空机负荷运行的时间	Y
						8	压缩机空机负荷运行对气缸套冷却水出水温度的要求	X
						9	压缩机空机负荷运行对液压泵压力的要求	X
						10	压缩机空机负荷运行对油温的要求	X
						11	压缩机重机负荷运行对排气温度的要求	X
						12	压缩机重机负荷运行的连续运行时间	Y
						13	螺旋管式蒸发器的优点	Z
						14	盐水的冰点和蒸发温度的关系	X
						15	一般情况下冷凝器的进、出水温差	Y
						16	立式壳管冷凝器使用分水器的目的	X
						17	玻璃钢冷却塔冷却水和空气的接触面积对冷却效果的影响	X
						18	玻璃钢冷却塔冷却空气的流动方向	Y
						19	玻璃钢冷却塔冷却水量和冷凝器实际耗水量的关系	X
		制冷系统的起动与一般故障的排除	10	制冷系统的起动方案	5	1	根据冷却间热负荷确定压缩机起动方案	X
						2	根据压力比或压力差确定压缩机起动方案	X
						3	根据不同的蒸发温度确定压缩机起动方案	Y
						4	速冻间高峰热负荷时的供液调整	X
						5	速冻间温度下降后的供液调整	Y

（续）

鉴定范围						鉴定点		
一级		二级		三级				
名称	鉴定比重	名称	鉴定比重	名称	鉴定比重	序号	名　　称	重要程度
相关知识	70	制冷系统的起动与一般故障的排除	10	制冷系统的起动方案	5	6	速冻间温度上升后对压缩机的调整	X
						7	速冻间温度下降后对压缩机的调整	Z
						8	重力供液时，氨液分离器中液位高度标准	X
						9	氨泵供液系统中，低压循环储液器内的液位自动控制方法	X
						10	制冷系统降温过程中应注意的问题	Y
						11	根据制冷系统热负荷变化，调整压缩机的开启台数	X
						12	运转中的压缩机更换蒸发系统时的操作方法	X
				制冷系统一般故障的排除	5	1	制冷压缩机发生"湿冲程"所造成的危害	X
						2	制冷压缩机阀片卡在升程限制器中所造成的后果	X
						3	制冷压缩机阀片的质量检验	X
						4	制冷压缩机上的安全阀漏气造成的危害	Y
						5	吸、排气阀组密封不严造成的危害	X
						6	制冷机体温度过高的原因	X
						7	制冷压缩机机体抖动的原因	X
						8	压缩机轴与电动机轴不同心造成的后果	X
						9	蒸发器结霜不完全、冷冻间降温缓慢的原因	X
						10	蒸发排管内油污太多、排管外霜层太厚给冷却间造成的后果	Y
						11	冷却塔下水量太小的原因	Y
						12	压缩机排气温度过高的原因	Y

（续）

鉴定范围						鉴定点		
一级		二级		三级				
名称	鉴定比重	名称	鉴定比重	名称	鉴定比重	序号	名　称	重要程度
相关知识	70	制冷系统的故障排除及维护保养	20	系统长期停机的处理	5	1	冷风机的停机处理	X
						2	压力表量程的选择	X
						3	安全阀的校验	X
						4	空气冷却式冷凝器的停机处理	X
						5	蒸发式冷凝器的停机处理	X
						6	储液器的停机处理	X
						7	压力继电器的作用	X
						8	压差继电器的作用	X
						9	水流继电器的测试	X
						10	卧式壳管蒸发器的停机处理	X
						11	干式壳管蒸发器的停机处理	X
						12	集管式顶排管的停机处理	Y
				一般故障停机的分析处理	6	1	制冷压缩机活塞上止点余隙的调整	X
						2	制冷压缩机连杆小头衬套与活塞销的配合间隙	X
						3	制冷压缩机连杆大头瓦与曲柄销的配合间隙	X
						4	制冷压缩机主轴承与主轴颈的配合间隙	X
						5	冷水系统突然断水的处理	X
						6	水泵出口压力太低的分析	Y
						7	液压泵油压太低的分析	Y
						8	温度控制器的调整	X
						9	高压压力控制器动作的调整	X
						10	水流继电器动作的调整	X
						11	UQK-40 型浮球液位计动作的调整	X
						12	安全阀起跳的分析	X
						13	发生"抱轴"的原因	Y
						14	微动开关的故障处理	Y

（续）

鉴定范围					鉴定点		
一级		二级		三级			
名称	鉴定比重	名称	鉴定比重	名称	鉴定比重	序号	名称	重要程度

名称	鉴定比重	名称	鉴定比重	名称	鉴定比重	序号	名称	重要程度
相关知识	70	制冷系统的故障排除及维护保养	20	制冷系统的初级维护保养	9	1	压缩机曲轴箱的油位	X
						2	压缩机曲轴箱的油压	X
						3	压缩机曲轴箱的油温	Y
						4	运转中压缩机的振动	X
						5	运转中压缩机的异常噪声	X
						6	压缩式制冷机常用机型	X
						7	氟系统中油加热器的保养	X
						8	润滑油质量的直观鉴别	X
						9	停机后的冷却水处理	X
						10	冬季停机后的冷却水处理	Y
						11	压缩机长期停机的检查部位	X
						12	压缩机轴与电动机轴不同心的标准	X
						13	停机后的电磁阀检查	X
						14	阀片密封性能的检查方法	Y
						15	浮球阀的检查	X
						16	滑阀动作的检查	Z
						17	机组停机时润滑部位的供油方法	X
						18	水质定期化验	X
						19	水冷式冷凝器的保养	X
						20	立式壳管冷凝器的保养	Y
						21	管口扩张器的使用	Y
						22	蒸发器中积油过多的原因	Y
		制冷系统运行参数分析与交接班	10	制冷系统运行参数分析	8	1	R717 标准工况的温度参数	X
						2	R22 标准工况的温度参数	X
						3	R717 空调工况的温度参数	X
						4	R12 空调工况的温度参数	X
						5	R22 空调工况的温度参数	X
						6	R134a 空调工况的参数值	X
						7	R22 空调工况的参数值	X

（续）

鉴定范围						鉴定点		
一级		二级		三级				
名称	鉴定比重	名称	鉴定比重	名称	鉴定比重	序号	名　　称	重要程度
相关知识	70	制冷系统运行参数分析与交接班	10	制冷系统运行参数分析	8	8	R717 标准工况下与 t_0、t_k 对应的 p_0、p_k 值	X
						9	R22 标准工况下与 t_0、t_k 对应的 p_0、p_k 值	X
						10	氨制冷压缩机油温与液压泵压力参数	X
						11	氟制冷压缩机油温与液压泵压力参数	X
						12	国家标准规定冷水机组冷水进、出口温度	X
						13	国家标准规定冷水机组冷却水进、出口温度	X
						14	水冷式冷水机组 t_k 与冷凝器出风温度的关系	X
						15	风冷式冷水机组 t_k 与冷凝器出风温度的关系	X
						16	水冷式冷水机组 t_0 与冷水出水温度的关系	X
						17	标准工况下活塞制冷机排气温度 t_p 的计算公式	X
				交接班	2	1	交接班的注意事项	Y
						2	系统运行波动的原因	Y
						3	分析出现设备故障的因素	Y
						4	交接班时对设备故障进行处理的方法	Y
						5	交接班的工作内容	Y

2. 操作技能考核

操作技能考核由考核范围、考核模块、选考方式、考核权重、考核项目、考核时间和考核形式等组成，列出了本等级应考核的内容。考核结构表按职业编制，一个职业编制一套操作技能考核内容结构表。

根据《国家职业技能标准》中"技能要求"的内容，分别确定本职业的鉴定范围。鉴定范围是指某一职业要实现的工作目标以及实现目标要完成的工作内容，鉴定范围一般分为三级。

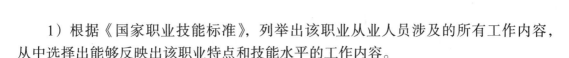

1）根据《国家职业技能标准》，列举出该职业从业人员涉及的所有工作内容，从中选择出能够反映出该职业特点和技能水平的工作内容。

2）参照《国家职业技能标准》的结构，将选择出的工作内容按职业活动中的不同性质进行划分，一般分为操作技能和综合能力两部分。操作技能是指从业人员为达到某一项工作目标或完成某一项工作应具备的技能。综合能力是指从业人员培训指导、组织管理工作的能力。

3）将操作技能部分的工作内容进行主辅划分。按照职业活动中所要求的各种操作技能的重要程度划分为基础性工作、主体性工作和辅助性工作。

4）将主体性的工作内容按职业活动的不同范围进行划分，划分出多个具体工作范围。

5）按照职业活动的技能水平不同，将一个职业的主体性、基础性、辅助性工作和培训指导、组织管理工作进行等级划分，划分出各等级所要求的职业活动内容。

鉴定比重是指表中某一项工作内容在一份实际试卷中所占的分数比例。鉴定比重值由专家参照《国家职业技能标准》中"比重表"的内容确定。考核时间、考核方式和选考方式根据职业活动的特点，技能操作的复杂程度，以及实施鉴定的可行性确定。

考核方式分为实操、笔试和口试三种。实操包括实际现场操作和模拟现场操作。笔试由考生按试题要求现场作答，比如绘图、编制工艺流程等。口试由考生按抽签试题要求口述作答，也可以由考评员针对某一项工作内容现场出题，由考生口述作答。

选考方式分为必考项、指定项、任选项三种。必考项指考生必须掌握的本职业活动的关键工作内容。指定项指在考核鉴定前，根据特定考生对象和实操场所条件，由考评员现场指定试题考核。任选项指考核鉴定前，由考生抽签确定试题进行考核。

制冷工（中级）操作技能考核内容结构表，见表1-2。

表1-2 制冷工（中级）操作技能考核内容结构表

鉴定范围	故障排除			合　计
鉴定要求	制冷系统故障排除	压缩机故障排除	制冷系统辅助设备及其他设备故障排除	
选考方式	任选一项			1项
鉴定比重（%）	100			100
考试时间 /min	120			120
考核形式	实操			

制冷工（中级）操作技能鉴定要素细目表，见表1-3。

表 1-3　制冷工（中级）操作技能鉴定要素细目表

鉴定范围			鉴定点			
名称	鉴定比重（%）	选考方式	序号	名称	重要程度	试题量
故障排除	100	任选一项	1	制冷系统故障排除	X	3
			2	压缩机故障排除	X	4
			3	制冷系统辅助设备及其他设备故障排除	X	7

二、试卷结构

1. 职业技能等级认定考核的组卷方式

职业技能等级认定国家题库一般有三种组卷方式，即计算机自动组卷、人工干预计算机组卷和特殊要求组卷。计算机自动组卷是用计算机根据本职业、本等级操作技能考核内容结构表的要求，按照国家题库组卷模型，自动选取鉴定范围，并抽取试题进行组合，形成试卷；人工干预计算机组卷即根据本职业、本等级操作技能考核内容结构表的要求，结合本次考核的实际情况，由人工选定鉴定范围和试题，并由计算机按照国家题库组卷模型进行组合，形成试卷；特殊要求组卷是题库中没有满足本次鉴定考核要求的试题，可由专家根据操作技能考核内容结构表的要求，按照规范的统一要求命制新试题，组成试卷。

试卷分为理论知识考试和技能操作考核，理论知识考试采用闭卷笔试方式，操作技能考核采用现场实际操作方式进行。理论知识考试和技能操作考核均实行百分制，两门均达到 60 分及以上者为合格。

2. 理论知识考试试卷的结构

标准的理论知识考核试卷由选择题和判断题两部分组成，满分为 100 分。

3. 操作技能考核试卷的结构

一套完整的操作技能考核试卷包括考核准备通知单、考核试卷、考核评分记录表三部分。

（1）操作技能考核准备通知单　这是针对鉴定机构下发的考试文件。正文内容为考核试卷中的准备要求，包括鉴定机构的准备要求和考生的准备要求两部分内容。内容为考核应准备的原材料、工量具、仪器仪表、设备、场地的基本要求、安全要求及考核的组织要求等。

（2）操作技能考核试卷　这是针对考生下发的考试文件。正文内容为试题。其中包括试题内容、相应的试题分值、考核时间、操作要求或技术标准、图表、图样或文字说明等。

（3）操作技能考核评分记录表　这是考核中由考评人员填写的评分文件。正文内容为评分记录表，即配分与评分标准，包括各项考核内容、考核要点、配分与评分标准或评分办法、否定项及说明等。根据各职业的特点，有些还分别设置了单项成绩统分表和考核时间记录表以及总评成绩汇总表，即记录考生本次操作技能考试所有试题成绩的汇总表。

三、考试技巧

考前焦虑是一种常见的心理情绪反应。这是一种缺乏客观原因的期待性紧张不安和担忧，预感到即将面对问题又难以应付的不愉快情绪。其主要临床表现是，常伴有头晕、胸闷、心悸、呼吸困难、口干、尿频、尿急、出汗、震颤和运动性不安等症状，其焦虑并非由实际威胁所引起，或其紧张惊恐程度与现实情况很不相称。而对考试正当的情绪反应应该是：对完成任务充满信心，关注面临的任务，最大限度地发挥完成任务所需的技能。

考前焦虑的产生，一般与三个因素有关：一是个体的心理素质和心理承受能力；二是来自考试和其他相关的外界压力；三是自己对考试的信心和认识。当然，提高心理素质和心理承受能力非一朝一夕能做到的，但针对后两个因素采取对应措施，还是行之有效的。比如正确认识和对待职业技能等级评价的考试，在心理上要允许自己失败，在行动上则根据自己的学习情况和身体情况，制订复习计划，按部就班地进行复习，做好充分的考前准备；再就是要相信自己的实力，既不刚愎自用也不妄自菲薄，这样考生就能坦然面对考试。

心理稳定的考生无论何时都能保持良好的心理状态。考前复习阶段，他们紧张而有序地投入备考活动中，不焦不躁，对即将到来的考试不感到过分担忧和恐惧。他们对自己充满信心，对各种干扰能用意志力加以排除。进入考场后，能做到头脑冷静、思维活跃，能真实表现出自己的水平，甚至还可能超水平发挥。

无论处于哪个学习阶段，无论学习能力如何，考生都要通过各种考试，通过充分的理论知识复习和操作技能的实际演练，达到不假思索、条件反射的程度。

拿到试卷后，不要急于动笔，用10min时间浏览试题，了解各题的难易程度，然后合理安排答题时间。答题前，要逐字逐句审清题意，明确要求。试卷前面的"注意事项"要仔细阅读。有的题目，如果一时做不出来，可先放一放，抢时间先做会做的题目，然后再回头考虑较难的题目。有些看起来较容易的题目，其中可能有难点，切忌疏忽大意。复查是考试中的重要一环，如果时间来不及，宁可把做完的题目先复查一遍，而不做无把握的题目。

四、注意事项

通过认知调控，克服考试焦虑症。首先，坚决杜绝用"完了""糟糕透了"等消极语言暗示自己；其次，消除大脑中的错误信息，不要被一两次考试失败所吓倒，不要以偏概全，认为自己不行，而丧失信心；第三，适当减轻周围环境的压力，针对种种担忧，自己和自己辩论，用这种理性情绪疗法，纠正认知上的偏差。还可以通过行为矫正，克服考试焦虑症。一种是放松训练，一种是系统脱敏训练。放松训练和系统脱敏训练的原理是交互抑制原理，即人在放松状态下的情绪与焦虑是相互抵抗的，比如放松状态出现了，必然会抑制焦虑和紧张状态的出现。

专家认为，面对考前的种种心理状态，作为考生必须积极主动地剖析、思考和调整。一方面要对考试有全面、清醒的认识，无论考试结果怎样，都不能一味地把它当作自己发展前途的显示屏，而只是自己在职业生涯阶段的一次检测；另一方面，要增强自信心，相信自己有能力、有实力，下一步肯定会在一个新的平台充分发挥自己的潜能。考前心理对考试的影响很大。心理学研究表明，一旦人的脑海里充满恐惧不安的阴影，头脑的功能自然就会陷于混乱，无法对事物做出客观的正确判断。所以考试前，要多想有把握考好的条件。让良好的成功的形像浮现在自己的脑海中，坚信自己平时学得扎实，复习方法正确，一定能考好。这样就可以使大脑在考试中呈现良好的状态，有利于脑力的良好发挥。

注意临场心理调节。进入考场后切莫慌张，可用"我能行""静心""认真"等自我暗示来稳定情绪。把家庭、社会的压力全丢掉，轻装上阵，尽力而为。另外，不要见别人交卷就着慌，草率收笔，要力争在规定时间内圆满地答完并检查完所有题目。

五、复习策略

根据《国家职业技能标准　制冷工》（2018 年版）的要求，参考按照标准编写的专业资料，按照标准梳理制冷工本等级应掌握的技能要求和相关知识，比如制冷系统的基本知识、制冷压缩机和辅助设备原理、故障处理与维护等内容。

制订一份科学、合理、具体的复习计划是取得考试成功的关键之一。按计划进行复习可以合理安排宝贵的时间，恰当分配有限的精力。在制订考前复习计划时，一定要从实际出发。这里所说的实际包括两个方面：一是要明确考试的范围，不同的考试涵盖的学习内容是不同的，复习计划要覆盖考试的全部范围。一般要安排三轮复习，每轮复习的重点是不一样的。第一轮复习重在查漏补缺，可以通过单元练习发现自己的问题，然后重点攻克；第二轮复习重在系统归纳，提升对理论知识的系统把握，这个阶段完成得好，学习上可能会有一个飞跃；第三轮复习重在模拟考试，进行综合练习，锻炼实战能力。二是要对自己平时的学习状况做出恰当的评价，这可以依据平时的学习情况和测验成绩。如果是学习状况比较好的考生，可以以较快的速度复习完所学内容，复习重点应该放在综合练习上。对于学习状况一般的考生，重点要放在查漏补缺上，把基础扎牢，注意理论知识的系统化。

理论模块 1　制冷系统控制知识

一、核心知识点

知识点 1　电路的基本概念

由金属导线和电子元器件组成的导电回路叫作电路。根据一定的任务，把所需的元器件，用导线相连即可组成电路。电路是电力系统、控制系统、通信系统和计算机硬件等系统的主要组成部分，起着电能和电信号的产生、传输、转换、控制、处理和储存等作用。

知识点 2　电流的基本概念

单位时间里通过导体任一横截面的电量叫作电流，通常用字母 I 表示，电流的国际单位为安培，简称"安"，符号"A"。

导体中的自由电荷在电场力的作用下做有规则的定向运动就形成了电流。电学上规定正电荷定向流动的方向为电流方向，电流的大小则以单位时间内流经导体横截面的电荷 Q 来表示其强弱。

知识点 3　电阻的连接方式

电阻是描述导体导电性能的物理量，用 R 表示。电阻的大小由导体两端的电压 U 与通过导体的电流 I 的比值来计算，即 $R=U/I$。所以，当导体两端的电压一定时，电阻越大，通过的电流就越小；反之，电阻越小，通过导体的电流就越大。因此，电阻的大小可以用来衡量导体对电流阻碍作用的强弱，即导电性能的好坏。

（1）串联电路　将电路元件（比如电阻、电容、电感和用电器等）逐个顺次首尾相连接组成的电路叫作串联电路。串联电路中通过各用电器的电流都相等。

（2）并联电路　两电阻并列连接在电路中叫作并联电阻，由单纯的并联电阻或用电器构成的电路叫作并联电路。并联的各支路电压相等，干路电流等于各个支路电流之和。

（3）混联电路　混联电路是一种既有串联又有并联的电路，可以采用等电位点标示的方法保证元件之间的连接关系，通过等效概念逐步化简，最后化简成一个等效电路。

知识点 4　交流电的周期、频率和角频率

（1）周期　交流电在变化过程中，它的瞬时值经过一次循环又变化到原来的瞬时值所需要的时间，即交流电变化一个循环所需要的时间叫作交流电的周期，用字母 T 表示，单位为 s。我国电网交流电的周期为 0.02s。

（2）频率　交流电每秒钟周期性变化的次数叫作频率，用字母 f 表示，单位为 Hz。我国电网的频率为 $f=50$Hz，习惯上叫作"工频"。交流电的频率是由发电机的磁极对数 p 和转速 n 决定的，它们的关系为：$f=pn/60$，因此发电机的转速与磁极对数成反比，当 $p=1$（两极电动机）时，转速 $n=3000$r/min；当 $p=2$（四极电动机）时，$n=1500$r/min。而周期与频率之间的关系为：$T=1/f$ 或者 $f=1/T$。

（3）角频率　角频率为每秒钟所变化的电气角度，用来表示交流电的变化快慢（在数值上等于单位时间内正弦函数幅角的增长值），用字母 ω 表示，单位为 rad/s。角频率与周期及频率之间的关系为：$\omega=2\pi/T=2\pi f$。

知识点 5　相位、初相位、相位差

（1）相位　确定交流电每一瞬间数值的电角度（$\omega t+\varphi$），称为相位，它决定交流电每一瞬间的大小，其单位为弧度或度（角度）。

（2）初相位　φ 是正弦交流电 $t=0$ 时的相位，叫作初相位，简称初相，它反映了正弦交流电在起始时刻的状态。也就是说，它决定了交流电在 $t=0$ 时的瞬时值大小，其单位也是弧度或度。

（3）相位差　两个同频率的交流电初相不同时，在变化过程中总是一先一后，并永远保持这个差距。通常把同频率交流电的初相之差称为相位差。

设 $e_1=E_{m1}\sin(\omega t+\varphi_1)$，$e_2=E_{m2}\sin(\omega t+\varphi_2)$，则其相位差为：$\Delta\varphi=(\omega t+\varphi_1)-(\omega t+\varphi_2)=\varphi_1-\varphi_2$。

注意：初相的大小与时间起点的选择密切相关，而相位差与时间起点的选择无关。

知识点 6　绘制电气原理图的一般规则

绘制电气原理图的基本规则如下：

1）电路图一般分为电源电路、主电路和辅助电路三部分。电源电路一般画成水

平线，三相交流电源相序 L_1、L_2、L_3（U、V、W）自上而下依次画出，中性线 N 和保护地线 PE 依次画在相线之下。直流电源的"+"端画在上端，"–"端画在下端。电压开关水平画出。

主电路是指受电的动力装置及控制、保护电器的支路，由主熔断器和接触器的主触头、热继电器的热元件以及电动机等组成。主电路通过的电流是电动机的工作电流，电流较大。主电路要画在电路图的左侧并垂直于电源电路，通常主电路用粗实线表示。

辅助电路一般包括控制主电路工作状态的控制电路；显示主电路工作状态的指示电路；以及提供机床设备局部照明的照明电路等。它是由主令电器的触头、接触器线圈及辅助触头、继电器线圈及触头、指示灯、变压器和照明灯等组成。

画辅助电路图时，辅助电路要跨接在两相电源线之间，一般按照控制电路、指示电路和照明电路的顺序依次画在主电路图的右侧。电路中，耗能元件（比如接触器线圈、指示灯、照明灯等）要画在电路图的下方，而电器的触头要画在耗能元件与上边电源线之间。辅助电路用细实线表示。

2）电气原理图中的所有电器元件都应采用国家标准中统一规定的图形符号和文字符号表示。对同类型的电器，在同一电路中的表示可采用在文字符号后加阿拉伯数字序号区分，比如按钮 SB1 和 SB2 等。

3）电气原理图中电气元器件的布局应根据便于阅读的原则安排。同一电气元器件的各部件根据需要可不画在一起，但文字符号要相同。比如交流接触器 KM 的线圈、主触头和辅助触头。

4）所有电器的可动部分都应按没有通电和没有外力作用时的初始开、关状态画出。例如继电器、接触器的触头按吸引线圈不通电时的状态画，控制器按手柄处于零位时的状态画，按钮、行程开关等按不受外力作用时的状态画。

5）无论主电路还是控制电路，各电气元器件一般按动作顺序从上到下，从左到右依次排列，可水平布置或者是垂直布置。

6）电气原理图中尽量减少线条和避免线条交叉。各导线之间有电联系时，对"T"形连接点，在导线交点处可画实心圆点，也可以不画；对"+"形连接点必须画实心圆点。根据图形布置需要，可将图形符号旋转绘制，一般逆时针旋转90°，但文字符号不可以倒置。

7）具有循环运动的机械装备，应在电气原理图上绘出工作循环图。转换开关、行程开关等应绘出动作程序及动作位置示意图表。

8）由若干元件构成的具有特定功能的环节，可以用点画线框括起来，并标注出环节的主要作用，比如速度调节器、电流继电器等。

9）对于外购的成套电气装置，比如稳压电源、电子放大器等，应将其详细电路与参数绘制在电气原理图上。

10）全部电动机、电气元器件的型号、文字符号、用途、数量和额定技术数据等，均应填在元器件明细表当中。

知识点 7　绘制接线图的规则

绘制电气原理图的基本规则如下：

1）为了区别主电路与控制电路，在绘制电路图时主电路（电动机、电器及连接线等）用粗线表示，而控制电路（电器及连接线等）用细线表示。通常习惯将主电路放在电路图的左边（或上部），而将控制电路放在右边（或下部）。

2）动力电路、控制电路和信号电路应分别绘出。动力电路——电源电路绘水平线；受电的动力设备（比如电动机等）及其他保护电器支路，应垂直于电源电路画出。控制电路和信号电路——应垂直地绘于两条水平电源线之间，耗能元件（比如线圈、电磁铁、信号灯等）应直接连接在接地或下方的水平电源线上，控制触头连接在上方水平线与耗能元件之间。

3）在电气原理图中各个电器并不按照其实际布置情况绘制在线路上，而是采用同一电器的各部件分别绘制在它们完成作用的地方。

知识点 8　半导体二极管伏安特性

半导体二极管是指利用半导体特性的两端电子器件。最常见的半导体二极管是PN结型二极管和金属半导体接触二极管。它们的共同特点是伏安特性的不对称性，即电流沿其中一个方向呈现良好的导电性，而在相反方向呈现高阻特性，可用于整流、检波、稳压、恒流、变容、开关、发光及光电转换等。利用高掺杂PN结中载流子的隧道效应可制成超高频放大或超高速开关的隧道二极管。

二极管的核心是PN结，它的特性就是PN结的特性——单向导电性。

（1）正向特性（外加正向电压）　即二极管正向偏置时的电压与电流的关系。二极管两端加正向电压较小时，正向电压产生的外电场不足以使多数载流子形成扩散运动，这时的二极管实际上还没有很好地导通，通常称为"死区"，其相当于一个阻值极大的电阻，正向电流很小。

当正向电压超过一定值后，内电场被大大削弱，多数载流子在外电场的作用下形成扩散运动，这时，正向电流随正向电压的增大迅速增大，二极管导通。该电压称为门槛电压（也称为阈值电压），用 V_{th} 表示。在室温下，硅管的 V_{th} 约为 0.5V，锗管的 V_{th} 约为 0.1V。

二极管一旦导通后，随着正向电压的微小增加，正向电流会急剧增加，此时二极管呈现的电阻值很小，可认为其具有恒压特性。对于二极管的正向压降，硅管为 0.6~0.8V（通常取 0.7V），锗管为 0.2~0.3V（通常取 0.2V）。

（2）反向特性（外加反向电压）　即二极管反向偏置时电压与电流的关系。反向电压加强了内电场对多数载流子扩散的阻碍，多数载流子几乎不能形成电流，但是少数载流子在电场的作用下漂移，形成很小的漂移电流，且与反向电压的大小基本无关。此时的反向电流叫作反向饱和电流，二极管呈现很高的反向电阻，处于截止状态。

（3）反向击穿特性　反向电压增加到一定数值时，反向电流急剧增大，这种现象叫作二极管的反向击穿。此时对应的电压叫作反向击穿电压，用 U_{BR} 表示。实际应用中，应该对反向击穿后的电流加以限制，以免损坏二极管。

知识点 9　晶体管的基本结构

晶体管是一种控制电流的半导体器件，其作用是把微弱信号放大成幅值较大的电信号，也用作无触头开关。

晶体管具有电流放大作用，是电子电路的核心器件。晶体管是在一块半导体基片上制作两个相距很近的 PN 结，两个 PN 结把整块半导体分成三部分，中间部分是基区，两侧部分是发射区和集电区，排列方式有 PNP 和 NPN 两种。

从三个区引出相应的电极，分别为基极 b、发射极 e 和集电极 c。

发射区和基区之间的 PN 结叫作发射结，集电区和基区之间的 PN 结叫作集电结。基区很薄，而发射区较厚，杂质浓度大，PNP 型晶体管发射区"发射"的是空穴，其移动方向与电流方向一致，故发射极箭头向里；NPN 型晶体管发射区"发射"的是自由电子，其移动方向与电流方向相反，故发射极箭头向外。发射极箭头指向也是 PN 结在正向电压下的导通方向。硅晶体管和锗晶体管都有 PNP 型和 NPN 型两种类型。

常用晶体管的封装形式有金属封装和塑料封装两大类，引脚的排列方式具有一定的规律：使 3 个引脚构成等腰三角形且顶点在上，引脚从左向右依次为 e、b、c；对于中大功率晶体管，使其平面朝向自己，3 个引脚朝下放置，则从左到右依次为 b、c、e。

知识点 10　桥式整流原理

桥式整流电路的工作原理如图 2-1 所示。当 E_2 为正半周时，对 VD$_1$、VD$_3$ 加正向电压，VD$_1$、VD$_3$ 导通；对 VD$_2$、VD$_4$ 加反向电压，VD$_2$、VD$_4$ 截止。电路中构成 E_2、VD$_1$、R_{fz}、VD$_3$ 通电回路，在 R_{fz} 上形成上正下负的半波整流电压。E_2 为负半周时，对 VD$_2$、VD$_4$ 加正向电压，VD$_2$、VD$_4$ 导通；对 VD$_1$、VD$_3$ 加反向电压，VD$_1$、VD$_3$ 截止。电路中构成 E_2、VD$_2$、

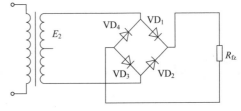

图 2-1　桥式整流电路的工作原理

R_{fz}、VD$_4$ 通电回路，同样在 R_{fz} 上形成上正下负的另外半波的整流电压。如此重复下去，结果在 R_{fz} 上便得到全波整流电压。其波形和全波整流波形是一样的。

从图 2-1 中不难看出，桥式整流电路中每只二极管承受的反向电压等于变压器二次电压的最大值，比全波整流电路小一半。桥式整流电路利用 4 个二极管，两两对接。输入正弦波的正半部分时，两只二极管导通，得到正的输出；输入正弦波负半部分时，另外两只二极管导通，由于这两只二极管是反接的，所以输出还是得到正弦波的正半部分。桥式整流电路对输入正弦波的利用效率比半波整流高 1 倍。

知识点 11　内存储器的概念

内存储器由一些集成电路芯片插在主板上组成，它直接与中央处理器（CPU）交换信息，存储器由若干存储单元组成。每个存储单元可存放用二进制代码表示的信息。每个存储单元都有一个编号，称为地址。信息可以按地址写入（存入）或读出（取出）。按读写功能不同，内存储器可分为随机存储器（RAM）和只读存储器（ROM）。

知识点 12　低压控制器的作用

低压控制器的作用是控制压缩机不能在压力过低的吸气条件下运行，即当制冷压缩机吸气压力低于某设定值时，断开压缩机电源，当压力回升后可自动复位，压缩机重新起动运行。低压控制器还可控制压缩机卸载装置，实现压缩机的能量自动调节。

知识点 13　YWK 型压力控制器的适用范围

压力控制器在制冷系统上应用最多的是 YWK 型压力控制器。YWK 型压力控制器的波纹管和气室由不锈钢制成，适用于氨和氟利昂制冷剂，压力控制范围为 0.08~2.00MPa，一般为双位控制，工作时在设定的上、下限范围内发出通、断信号，控制压缩机在压力安全范围内运行。

知识点 14　YWK-22 型压力控制器高低压值的确定

YWK-22 型压力控制器的压力设定值，高压切断值为 1.60MPa，低压切断值根据制冷系统工作温度而定。对于低温冷藏系统，按照比设定的蒸发温度低 5℃所对应的压力值而定；对于高温冷藏系统，按照比设定的蒸发温度低 2~3℃所对应的压力值设置即可。

知识点 15　YWK 型压力控制器的调节

YWK 型压力控制器主刻度调整需转动大弹簧端的主刻度调节盘，幅差刻度调节需转动幅差刻度盘。主刻度和幅差刻度都有防松锁紧装置，防止振动时指针走动。因此，调整主刻度调整盘时，必须先取下防松螺钉才能进行调整，幅差刻度通常采用双螺母锁紧，也需要松开锁紧锁母，再转动调节螺钉。

知识点 16　滤波电容电路的作用

滤波电容是指安装在整流电路两端用以降低交流脉动波纹系数，实现高效平滑直流输出的一种储能器件。由于滤波电路要求储能电容有较大电容量，绝大多数滤波电路使用电解电容。电解电容因其使用电解质作为电极（负极）而得名。

滤波电容用在电源整流电路中，用来滤除交流成分，使输出的直流更平滑。而且对于精密电路而言，往往这个时候会采用并联电容电路的组合方式来提高滤波电容的工作效果。

知识点 17　计算机系统的组成

计算机系统包括硬件系统和软件系统两大部分。硬件系统是指构成计算机的物理设备，即由机械、电子器件构成的具有输入、储存、计算控制和输出功能的实体部件，比如打印机、显示器等。硬件也称为硬设备。软件系统则是指控制计算机运行的程序、命令、指令和数据等。软件系统就是程序系统，也称为软设备。

知识点 18　高压控制器的作用及手动复位

压力控制器是通过导压管将所控制压力部位的气体或液体压力传导至压力控制器的波纹管。压力控制器有设定值和动差，并可在一定范围内调整。

高压控制器的作用是限制制冷压缩机的高压排气压力。它安装在压缩机高压排气管路中，当排出的气体压力超过设定值时，即切断该压缩机的供电电源，使压缩机停止运行，同时发出警报信号。高压控制器动作停止后，不能自动复位，需待查出原因并清除故障后手动复位。

知识点 19　使用压差继电器的目的

压差继电器是在同一时间内维持两个差值的控制器件，是目前被广泛应用于制冷压缩机润滑系统的安全保护装置，故又称为油压继电器。

因为在一般情况下，制冷压缩机润滑油的压力应高于回气压力或曲轴箱压力（0.098~0.196MPa）。压差继电器受润滑油泵排出压力和制冷压缩机吸入压力两个压力信号的作用，并使这两个压力之间保持一定的差值范围。当压力差低于某一给定值时，继电器开关动作，自动切断制冷压缩机的供电电路，实施欠油保护，避免压缩机运动部件因润滑不良而损坏。

制冷装置中常采用的压差继电器主要有 JC-3.5 型和 MP-55 型等。

二、练习题

1. 有一电阻 R=10Ω，电阻两端的电压 U=220V，通过该电阻的电流 I=（　　　）。

A. 1A　　　　　　　B. 22A　　　　　　　C. 10A　　　　　　　D. 11A

2. 有一电阻 $R = 5\Omega$，通过电阻的电流 $I = 10A$，则电阻两端电压 $U = ($ $)$。

A. 50V   B. 2V   C. 5V   D. 10V

3. 额定电压为 220V 的白炽灯，通过白炽灯的电流 $I = 0.5A$，则白炽灯的电阻 $R = ($ $)$。

A. 50Ω B. 22Ω C. 440Ω D. 44Ω

4. 1h 内，通过导线横截面的电量 $Q = 900C$，则电路的电流 $I = ($ $)$。

A. 9A   B. 0.9A   C. 0.25A   D. 0.6A

5. 大小和方向不随时间而改变的电流称为（   ）。

A. 脉动直流电流   B. 交流电流

C. 三相交流电流   D. 直流电流

6. 电压的基本单位是伏特，电压的单位还有（   ）。

A. 千伏   B. 毫欧   C. 微安   D. 千欧

7. 有一只 220V、40W 的白炽灯，接在 220V 电源上，则通过白炽灯的电流 $I \approx ($ $)$。

A. 5A   B. 1.5A   C. 0.22A   D. 0.18A

8. 有一只 220V、40W 的白炽灯，每天使用 3h，30 天消耗的电能是（   ）。

A. $0.2kW \cdot h$ B. $3.6kW \cdot h$ C. $2.6kW \cdot h$ D. $5kW \cdot h$

9. 在纯电阻交流电路中，流过电阻的电流与电阻两端电压之间的相位差是（   ）。

A. π B. $\pi/2$ C. 0   D. $-\pi/2$

10. 在纯电感正弦交流电路中，电感两端电压与流过电感的电流是（   ）。

A. 同频率，同相位   B. 同频率，电压滞后电流为 $\pi/2$

C. 同频率，反相位   D. 同频率，电流滞后电压为 $\pi/2$

11. 一只 220V、75W 的电烙铁，工作时，流过电烙铁的电流 $I \approx ($ $)$。

A. 1.2A   B. 0.34A   C. 2.1A   D. 0.52A

12. 三相对称负载，是指（   ）。

A. 各相电阻不相等，各相容抗相等   B. 各相电阻相等，各相容抗不相等

C. 各相阻抗相等，性质不同   D. 各相阻抗相等，性质相同

13. 三相对称负载的星形联结，相电压 = （   ）线电压。

A. 1   B. $1/\sqrt{2}$ C. $1/\sqrt{3}$ D. $\sqrt{3}$

14. 三相对称负载的三角形联结，线电流 = （   ）相电流。

A. $\sqrt{2}$ B. $\sqrt{3}$ C. 1   D. 1/2

15. 单相交流电流通过单相定子绕组时，产生（   ）。

A. 顺时针旋转磁场   B. 逆时针旋转磁场

C. 交变磁场   D. 恒定磁场

16. 单相异步电动机，定子上一般有（　　），转子一般是笼型结构。

A. 3 套绕组　　　　B. 1 套绕组　　　　C. 4 套绕组　　　　D. 2 套绕组

17. 单相异步电动机，定子上一般有两套绕组，一个是工作绕组，另一个是（　　）。

A. 起动绕组　　　　B. 链式绕组　　　　C. 单层绕组　　　　D. 正弦绕组

18. 电阻分相起动型单相异步电动机，一般是（　　）。

A. 起动绕组导线较粗，工作绕组导线较细

B. 起动绕组、工作绕组均用较细的导线

C. 起动绕组、工作绕组均用较粗的导线

D. 起动绕组导线较细，工作绕组导线较粗

19. 电阻分相起动型单相异步电动机，（　　）。

A. 起动绕组电流的相位滞后工作绕组电流的相位

B. 起动绕组电流的相位超前工作绕组电流的相位

C. 起动绕组电流与工作绕组电流同相位

D. 起动绕组电流与工作绕组电流反相位

20. 电阻分相起动型单相异步电动机，起动绕组电流与工作绕组电流之间的相位差达不到（　　）电角度。

A. −180°　　　　B. 90°　　　　C. 0°　　　　D. 180°

21. 电容分相起动型单相异步电动机，定子具有两套绕组，两套绕组的轴线在空间相距（　　）电角度。

A. 60°　　　　B. 45°　　　　C. 120°　　　　D. 90°

22. 电容分相起动型单相异步电动机，起动后（　　）。

A. 起动绕组断开，工作绕组接通　　　　B. 起动绕组接通，工作绕组断开

C. 起动绕组断开，工作绕组断开　　　　D. 起动绕组接通，工作绕组接通

23. 电容分相起动型单相异步电动机，如果电容选择适当，可使起动绕组电流在时间上超前工作绕组电流近于（　　）电角度。

A. 60°　　　　B. 180°　　　　C. 90°　　　　D. 45°

24. 电容运转型单相异步电动机，（　　）。

A. 需用两个电容器、一个起动器　　　　B. 需用一个电容器，不需起动器

C. 需用一个电容器、一个起动器　　　　D. 需用两个电容器，不需起动器

25. 电容运转型单相异步电动机，（　　）。

A. 电容器与工作绕组串联　　　　B. 电容器与工作绕组并联

C. 电容器与起动绕组并联　　　　D. 电容器与起动绕组串联

26. 电容运转型单相异步电动机，起动后（　　）。

A. 起动绕组接通，工作绕组接通　　　　B. 起动绕组断开，工作绕组接通

C. 起动绕组接通，工作绕组断开　　　　D. 起动绕组断开，工作绕组断开

27. 电容起动运转型单相异步电动机，（　　　）。

A. 需用两个电容器、一个起动器　　　　B. 需用一个电容器、一个起动器

C. 需用两个电容器，不需起动器　　　　D. 需用一个电容器，不需起动器

28. 采用电容起动运转的单相异步电动机，需用（　　　）。

A. 一个电容器、一个起动器　　　　　　B. 两个电容器、一个起动器

C. 一个电容器，不需起动器　　　　　　D. 两个电容器，不需起动器

29. 电容起动运转单相异步电动机，起动后（　　　）。

A. 起动电容器接通，运转电容器接通

B. 起动电容器断开，运转电容器断开

C. 起动电容器断开，运转电容器接通

D. 起动电容器接通，运转电容器断开

30. 三相笼型异步电动机的额定电压是指（　　　　）。

A. 定子的三相绕组规定应加的相电压值

B. 定子的三相绕组规定应加的线电压值

C. 转子的三相绕组规定应加的相电压值

D. 转子的三相绕组规定应加的线电压值

31. 采用 B 绝缘材制造的三相异步电动机，所允许的最高工作温度是（　　　　）。

A. 120℃　　　　　　B. 180℃　　　　　　C. 155℃　　　　　　D. 130℃

32. 三相笼型异步电动机的额定电流，是指当电动机轴上输出额定功率时，（　　　）。

A. 定子电路所取用的线电流　　　　　　B. 定子电路所取用的相电流

C. 转子电路所取用的线电流　　　　　　D. 转子电路所取用的相电流

33. 三相笼型异步电机的起动方式有（　　　）两种方法。

A. 直接起动和升压起动　　　　　　　　B. 直接起动和减压起动

C. 升压起动和减压起动　　　　　　　　D. 间接起动和升压起动

34. 三相笼型异步电动机起动时，主要问题是（　　　）。

A. 起动电流大和起动转矩大　　　　　　B. 起动电流小和起动转矩大

C. 起动电流小和起动转矩小　　　　　　D. 起动电流大和起动转矩小

35. 三相笼型异步电动机的减压起动方法有（　　　）。

A. 电容器起动　　　　　　　　　　　　B. 星—三角起动

C. 频敏变阻器起动　　　　　　　　　　D. 电容与电感起动

36. 三相笼型异步电动机，定子三绕组的首端符号一般用（　　　）表示。

A. X、Y、Z　　　　　　　　　　　　　B. A、B、C

C. U2、V2、W2　　　　　　　　　　　D. U1、V1、W1

37. 三相笼型异步电动机，定子三相绕组的末端符号一般用（　　　）表示。

A. U1、V1、W1
B. U2、V2、W2

C. X、Y、Z
D. A、B、C

38. 三相笼型异步电动机，星形联结的接线方法是（　　　）。

A. U2、V2、W2 相连接，U1、V1、W1 分别接电源

B. U1、V1、W1 相连接，U2、V2、W2 分别接电源

C. U1 接 W2、V2 接 W1、U2 接 V1，U1、V1、W1 分别接电源

D. U1 接 W2、V2 接 U2、W1 接 V1，U1、V1、W1 分别接电源

39. 三相笼型异步电动机的定子三相绕组，若每相绕组由一个线圈组成，这三个线圈在空间彼此相隔（　　　）电角度。

A. 90°
B. 60°
C. 180°
D. 120°

40. 三相笼型异步电动机，定子上有（　　　）套绕组，转子一般是笼型结构。

A. 3
B. 5
C. 2
D. 1

41. 三相笼型异步电动机，若电源的频率 f_1=50Hz，磁极对数 p=2，则旋转磁场的转速 n_1=（　　　）r/min。

A. 1450
B. 1000
C. 1500
D. 3000

42. 三相笼型异步电动机，星 - 三角减压起动时的起动转矩是直接起动时的（　　　）。

A. 1/5
B. 1 倍
C. 1/4
D. 1/3

43. 三相笼型异步电动机，减压起动的特点是（　　　）。

A. 起动电流增大、起动转矩减小
B. 起动电流减小、起动转矩减小

C. 起动电流减小、起动转矩增大
D. 起动电流增大、起动转矩增大

44. 三相笼型异步电动机星 - 三角减压起动方法，只适用于电动机在（　　　）情况下起动。

A. 空载或满载
B. 满载或重载

C. 空载或轻载
D. 轻载或满载

45. 三相笼型异步电动机，改变磁极对数调速的特点是（　　　）。

A. 速度变化平滑性好，绕组结构比较复杂

B. 速度变化为等级式，绕组结构比较复杂

C. 速度变化平滑性好，绕组结构简单

D. 速度变化为等级式，绕组结构简单

46. 三相笼型异步电动机，变频调速的特点是（　　　）。

A. 调速范围大、平滑性很好
B. 调速范围大、平滑性不好

C. 调速范围小、平滑性不好
D. 调速范围小、平滑性很好

47. 变频调速装置，用逐渐增加频率的方法起动三相笼型异步电动机，使电动机

具有（　　）。

　　A. 较小的起动转矩和较大的起动电流

　　B. 较小的起动转矩和较小的起动电流

　　C. 较大的起动转矩和较大的起动电流

　　D. 较大的起动转矩和较小的起动电流

　　48. 交流接触器的额定工作电压和电流是指其主触头的电压和电流，它们（　　）。

　　A. 应等于被控电路的额定电压和额定电流

　　B. 应大于或等于被控电路的额定电压和额定电流

　　C. 应小于被控电路的额定电压和额定电流

　　D. 应大于被控电路的额定电压和额定电流的两倍

　　49. 主令电器是（　　）。

　　A. 开启式负荷开关　　　　　　　　B. 塑壳式断路器

　　C. 位置开关　　　　　　　　　　　D. 螺旋式熔断器

　　50. 三相笼型异步电动机控制电路中的热继电器，是作为（　　）的保护。

　　A. 过载和短路　　　　　　　　　　B. 过电压和反相

　　C. 失电压和断相　　　　　　　　　D. 过载和断相

　　51. 三相异步电动机起、停控制电路，能实现对电动机（　　）的自动或手动控制。

　　A. 正转、反转　　　B. 起动、正转　　　C. 正转、调速　　　D. 起动、停止

　　52. 三相异步电动机起、停控制电路的短路保护，是由（　　）实现的。

　　A. 热继电器　　　B. 熔断器　　　C. 按钮　　　D. 组合开关

　　53. 三相异步电动机起、停控制电路，电动机的过载保护，是由（　　）实现的。

　　A. 熔断器　　　B. 位置开关　　　C. 热继电器　　　D. 按钮

　　54. 三相异步电动机正反转控制电路，能实现对电动机（　　）的自动或手动控制。

　　A. 反转、调速　　　B. 反转、起动　　　C. 正转、调速　　　D. 正转、反转

　　55. 三相异步电动机正反转控制电路，利用两个按钮，分别控制（　　）个接触器来实现正、反转控制。

　　A. 3　　　　　　B. 2　　　　　　C. 4　　　　　　D. 1

　　56. 三相异步电动机的正反转控制电路，（　　）。

　　A. 不必设置互锁回路　　　　　　　B. 全压起动时须设置互锁回路

　　C. 减压起动时不设置互锁回路　　　D. 必须设置互锁回路

　　57. 第一台电动机起动后，第二台电动机方可起动，这种控制方式就是（　　）。

　　A. 全压起动控制　　　　　　　　　B. 顺序起动控制

C. 正、反转控制　　　　　　　　　D. 减压起动控制

58. 实现两台电动机按顺序工作，其联锁控制的普遍规律是（　　　）。

A. 要求甲、乙接触器同时动作，将甲接触器的常闭触头串在乙接触器线圈电路中

B. 要求甲、乙接触器不同时动作，将甲接触器的常开触头串在乙接触器线圈电路中

C. 要求甲接触器动作后乙接触器方能动作，则将甲接触器的常开触头串在乙接触器的线圈电路中

D. 要求甲接触器动作后乙接触器方能动作，则将甲接触器的常闭触头串在乙接触器的线圈电路中

59. 电动机的顺序起动控制，是两台或多台电动机（　　　）。

A. 按规定的顺序起动、停机，可以用联锁环节实现

B. 按规定的顺序起动、停机，不能用联锁环节实现

C. 按任意的顺序起动、停机，不能用联锁环节实现

D. 按随机的次序起动、停机，可以用联锁环节实现

60. 三相异步电动机星—三角起动控制电路，按照（　　　）来控制起动过程。

A. 时间原则　　　　B. 顺序原则　　　　C. 升压原则　　　　D. 减压原则

三、参考答案

1. B	2. A	3. C	4. C	5. D	6. A	7. D	8. B
9. C	10. D	11. B	12. D	13. C	14. B	15. C	16. D
17. A	18. D	19. A	20. B	21. D	22. A	23. C	24. B
25. D	26. A	27. A	28. B	29. C	30. B	31. D	32. A
33. B	34. D	35. B	36. D	37. B	38. A	39. D	40. A
41. C	42. D	43. B	44. C	45. B	46. A	47. D	48. B
49. C	50. D	51. D	52. B	53. C	54. D	55. B	56. D
57. B	58. C	59. A	60. A				

理论模块 2　热力学与传热学基础知识

一、核心知识点

知识点 1　温标

温度是表示物体冷热程度的物理量。温度的标定方法称为温标。在制冷技术中常见的温标有摄氏温标、华氏温标和热力学温标（又叫作绝对温标或开氏温标）。

（1）摄氏温标　是指在一个标准大气压（760mmHg 或约 0.1MPa，1mmHg=133.322Pa）下，将冰、水混合物的温度定为 0℃，水的沸点定为 100℃，在这两个定点之间分成 100 等份，每一等份间隔称为 1℃。摄氏温标的符号用 t 表示，其单位是"℃"，即摄氏度。

（2）华氏温标　是指在一个标准大气压下，将冰、水混合物的温度定为 32℉，水的沸点定为 212℉，在这两个定点之间分成 180 等份，每一等份间隔称为 1 华氏度。华氏温标的符号用 t_f 表示，其单位"℉"，即华氏度。

（3）热力学温标　是指把物质中的分子全部停止运动时的温度定为绝对零度（绝对零度相当于 −273.15℃），以绝对零度为起点的温标叫作热力学温标。热力学温标的符号用 T 表示，其单位是"K"，即开尔文。

三种温标间的换算关系如下：

$$t = T - 273.15 ℃$$
$$T = t + 273.15 K$$
$$t = (t_f - 32) \times (5/9) ℃$$
$$t_f = (9/5) t + 32 F°$$

知识点 2　压力及压力单位

在制冷系统中，大量制冷剂气体或液体分子垂直作用于容器壁单位面积上的作用力叫作压力（即物理学中的压强），用符号 p 表示。在制冷领域中经常使用的压力单位有两个：

（1）国际单位制　国际上规定：当 $1m^2$ 面积上所受到的作用力是 1N 时，此时的压力为 1Pa，$1Pa = 1N/m^2$。在实际应用中，因为 Pa（帕）的单位太小，常采用 MPa（兆帕）作为压力单位，$1MP = 10^6 Pa$。

（2）工程制单位　工程制单位是工程上常用的单位，一般采用千克力 / 厘米^2（kgf/cm^2）作为压力单位，$1kgf/cm^2 = 750.1mmHg \approx 0.1MPa$。

知识点 3　标准大气压和大气压

标准大气压是指 0℃ 时，在纬度为 45° 的海平面上，空气对海平面的平均压力。标准大气压单位用 atm 表示，即 1atm = 760mmHg。一个标准大气压近似等于 0.1 MPa，即 1atm ≈ 0.1 MPa。

空气对地球表面所产生的压力叫作大气压，简称大气压，用符号 B 表示。

知识点 4　绝对压力与表压力

在制冷技术中经常用到绝对压力与表压力两个概念，它们的意思是：

（1）绝对压力　容器中气体的真实压力称为绝对压力，用 $p_绝$ 表示。当容器中没

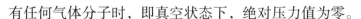

有任何气体分子时，即真空状态下，绝对压力值为零。

（2）相对压力（表压力）　在制冷系统中，用压力表测得的压力值称为相对压力，又称为表压力，用 $p_表$ 表示。当压力表的读数为零时，其绝对压力为当地、当时的大气压力。表压力并不是容器内气体的真实压力，而是容器内真实压力（$p_绝$）与外界当地大气压力（B）之差，即

$$p_绝 = p_表 + B$$

知识点 5 临界压力

临界压力是指制冷剂（物质）处于临界状态时所对应的压力，即液体在临界温度时所具有的饱和蒸气压力。

知识点 6 临界状态与三相点

临界状态是指气体物质随着压力的升高，蒸气的比体积逐渐减小而接近液体比体积，当压力增至某一数值后，饱和蒸气与饱和液体之间就无明显的区别了，此时的状态称为临界状态。

三相点是指物质固相、液相、气相处于平衡共存的状态点。纯水的三相点温度是 0.0098℃，压力为 610.5Pa。

知识点 7 物质相变

物质分子可以聚集成固、液、气三态。在一定条件下，物态可以相互转化，称为物态变化。物态的变化又称为相变。在相变过程中，总是伴随着吸热或放热现象，应用在制冷装置上。蒸气压缩式制冷的工作原理就是这种制冷方式是依靠制冷装置内的制冷剂的相变来完成的。

知识点 8 冷凝与升华

物质在饱和温度下由气态变为液态的过程叫作冷凝或凝结。制冷剂在冷凝器中的放热过程即为冷凝过程。

冷凝是汽化的相反过程，物质在一定压力下冷凝时的温度即为其相应压力下的饱和温度，又称为冷凝温度。

固体物质不经过液体而直接变成气体的过程叫作升华。

知识点 9 汽化与液化

从气态转化为液态的过程叫作液化。汽化与液化是两个相反的的过程，汽化过程伴随着吸热，液化过程伴随着放热。

知识点 10　蒸发与沸腾

物质由液态转化为气态的过程叫作汽化。汽化有两种方式，即蒸发和沸腾。

蒸发是物质在相变过程中只在液体表面发生的汽化现象。蒸发可以在液体的任何温度下发生。

沸腾是在一定的气压下，物质在相变过程中液体达到一定温度时，液体内部和表面同时进行的剧烈的汽化现象，对应的温度称为沸点。

在制冷技术中习惯上把制冷剂液体在蒸发器中的沸腾称为蒸发。

知识点 11　制冷剂蒸发温度与蒸发压力

（1）制冷剂蒸发温度　制冷剂蒸发温度是指制冷剂液体（流体）汽化时的温度，通常用 t_0 表示，即制冷剂在一个标准大气压下汽化时的温度。

（2）制冷剂蒸发压力　制冷剂蒸发压力是指制冷剂液体在蒸发器内汽化（沸腾）时所具有的压力，通常用符号 p_0 来表示。制冷剂的蒸发温度与蒸发压力有着对应关系，在制冷机组调试时，可用调节蒸发压力的方法，得到所需要的蒸发温度。

知识点 12　制冷剂冷凝温度与冷凝压力

（1）制冷剂冷凝温度　制冷剂冷凝温度是指物质（制冷剂）状态由气态转变为液态的临界温度，通常用 t_k 来表示。

（2）冷凝压力　制冷剂液化时的压力叫作冷凝压力，通常用符号 p_k 来表示制冷剂的冷凝压力。

制冷剂冷凝温度与冷凝压力有着对应关系，在制冷机组测试时，可用调节冷凝压力的方法得到所需要的冷凝温度数据。

知识点 13　热量

物质热能转移时的度量，是表示物体吸热或放热多少的量度，用符号 Q 表示。

国际单位制中，热量的单位是焦耳（J）或千焦（kJ）。

工程技术中，热量单位常用卡（cal）或千卡（kcal）来表示。

这两种单位的换算关系是：

$$1kJ \approx 0.24kcal \quad 1kcal \approx 4.19kJ$$

知识点 14　制冷量

制冷量是指用人工方法在单位时间里从某物体（空间）移去的热量，其单位为千焦 / 小时（kJ/h）或瓦（W）、千瓦（kW）。

知识点 15　热能与比热容

（1）热能　热能是物质的内能，是物体的所有分子无规则热运动的动能与相互之间势能的总和。任何物体都具有内能，可以通过热传递与做功（如机械能转化为热能）提高物质的内能。

（2）比热容　比热容简称比热，是指单位质量的物质（体）每升高或降低1℃，所吸收或放出的热量。比热容，常用符号 C 表示。

在国际单位制中，能量、功、热量的单位统一用 J，温度的单位是 K。因此，比热容的单位为 J/（kg·K）。

知识点 16　显热与潜热

（1）显热　显热是指物体吸收或放出热量时，物体只有温度的升高或降低，而状态不发生变化，这时物体吸收或放出的热量叫作显热。

用"显热"这个词来形容热，是因为其可以用触摸的方法感觉出来，也可以用温度计直接测量出来。例如：20℃的水吸热后温度升高至 50℃，用手可以感觉出来，用温度计也可以测试出来，所以所吸收的热量为显热；反之，50℃的水降温到 20℃时，所放出的热量也为显热。

（2）潜热　潜热是指物体吸收或放出热量时，物体只有状态的变化，而温度不发生变化，这时物体吸收或放出的热量叫作潜热。

潜热因温度不变，所以无法用温度计直接测量出来。物体相变时所吸收或放出的热量均为潜热，分别称为汽化潜热、液化潜热、溶解潜热、凝固潜热、升华潜热和凝华潜热。例如：在常压下，水加热到 100℃后，如果继续加热，水将汽化为水蒸气，汽化过程中水的温度仍为 100℃，这时吸收的热量为汽化潜热（又称为蒸发潜热）；反之，高温的水蒸气冷却到 100℃后再继续降温，水蒸气将冷凝为水，冷凝过程中温度保持 100℃不变，这时放出的热量为液化潜热（又称为冷凝潜热）。

制冷系统中的制冷剂一般要选用蒸发潜热数值大的物质，这是因为制冷剂在蒸发器中主要是利用由液态吸热变为气态的相变过程来达到制冷目的的，这个吸热就是蒸发潜热。

知识点 17　热传递

热量从高温物体（空间）向低温物体（空间）传递的过程称为传热。当两个温度不同的物体互相接触时，由于两者之间存在温度差，两者的热能会发生变化，即温度高的物体失去热能，温度降低，而温度低的物体得到热能，温度升高。这种热能在温度差作用下的转移过程称为热传递过程。

导热又称为热传导。物体各部分温度不同时，热量从物体一部分传递到另一部分，或者温度不同的物体接触时，热量从温度高的物体传递给温度低的物体的过程，称为导热。

导热是在固体、静止液体或气体中由分子振动而引起的传热现象。

热传导是固体中热量传递的主要方式，在气体或液体中，热传导过程往往是和对流同时发生的。

知识点 18 热的良导体和不良导体

不同物质的传热本领是不一样的，容易传热的物质叫作热的良导体，如银、铜、铝和铁等金属；不容易传热的物质叫作热的不良导体（也叫作绝热材料），如玻璃棉、聚氨酯泡沫塑料、软木和空气等。

在制冷设备中要根据不同需要，选用不同的材料。如对于蒸发器、冷凝器等传热设备，应采用铜、铝、钢等良导体；对于冷库库体材料等隔热材料，则应采用软木、聚氨酯泡沫塑料、玻璃棉等绝热材料。

知识点 19 对流换热

依靠流体（液体或气体）的流动而进行热传递的方式称为对流换热。

对流分为自然对流和强制对流，其中靠流体密度差进行的对流称为自然对流，靠外部用搅拌等手段强制进行的对流称为强制对流。例如：排管式蒸发器使冷库内获得低温，是依靠库内空气自然对流换热的结果；而冷风机使冷库内获得低温，主要是依靠风扇强迫库内空气对流换热的结果。

知识点 20 热辐射

热量从物体直接沿直线散发出去的传热方式叫作热辐射。热辐射的传递和光的传播一样是以电磁波的形式进行的，传播速度为光速。太阳的热能就是通过辐射传递到地球的。

热辐射总是在两个物体或多个物体之间进行。物体间的温差越大，热辐射就越强烈。热辐射的大小除了与热源的温度有关外，还与物体表面的性质有关：物体表面越黑、越粗糙就越容易辐射热和吸收热；表面越白、越光滑就越不容易吸收辐射热，但善于反射辐射热。

知识点 21 传热系数与导热系数

传热系数是指在稳定传热条件下，围护结构两侧空气温差为 1K（或 1℃），1s 内通过 $1m^2$ 面积传递的热量，单位是瓦／（米²·开）[$W/(m^2 \cdot K)$ ，此处 K 可用℃代替]。

导热系数是指在稳定传热条件下，1m 厚的材料，两侧表面的温差为 1K（或

1℃），在 1h 内，通过 1m² 面积传递的热量，单位为瓦/（米·开）[W/（m·K），此处 K 可用℃代替]。导热系数与材料的组成结构、密度、含水率和温度等因素有关。非晶体结构、密度较低的材料，导热系数较小。材料的含水率、温度较低时，导热系数较小。通常把导热系数较低的材料称为保温材料，而把导热系数在 0.05W/（m·K）以下的材料称为高效保温材料。

知识点 22 隔热

隔热又称为绝热，它是利用隔热材料来防止热量从外界向冷却对象（空间）渗透或防止热量散失到周围环境的一种方法。

传热和隔热的本质是一样的，就是应用场合不同，制冷系统材料希望传热效果好，而冷库库体材料则希望隔热效果好。

知识点 23 制冷剂的焓与比焓

（1）焓 焓是工质在流动过程中所具有的总能量。在热力工程中，将流动工质的内能和推动功之和称为焓。

（2）比焓 单位质量工质所具有的焓称为比焓，用符号 h 表示，单位是 J/kg。

知识点 24 制冷剂的熵与比熵

熵是表征工质在状态变化时与外界进行热交换的程度。单位质量工质所具有的熵称为比熵，用符号 s 表示，单位是 J/（kg·K）。

知识点 25 热力学与热力学定律

（1）热力学 热力学是从宏观角度研究物质的热运动性质及其规律的学科。

（2）热力学第一定律 热力学第一定律是指能量转化与守恒定律在热力学中的具体体现。在热力学范围内，主要指的是物体的内能与机械能之间的相互转化与守恒。它可表达为：热和功可以相互转化，一定量的热消失时必然产生数量完全一样的机械能；而当一定量的机械能消失时必然产生数量完全一样的热能。它表明，热和功之间存在着一定的数量关系。

（3）热力学第二定律 热力学第二定律是指在自然条件下，热量不能从低温物体转移到高温物体，欲使热量由低温物体转移到高温物体，必须要消耗外界的功，而这部分功又转变为热量。

人工制冷是热力学第二定律的典型应用。它是消耗一定的能量（电能或其他能量），以使热量从低温热源（蒸发器周围被冷却物质）转移到高温热源（冷凝器内的冷却介质——空气或冷却水）的过程。

热力学第一和第二定律是传热学的基本定律，也是制冷技术的理论基础。它们说明了制冷机中功和能（热量）之间相互转换的关系及条件，以及制冷要消耗功的原因。

知识点 26 热力循环和制冷循环及过程

（1）**热力循环** 热力循环是指一个封闭的热力过程。在热力循环中，热力系统从某一初始状态出发，工质经过一系列状态变化后，又回到初始状态，其目的是通过工质的状态变化来实现预期的能量转换。

（2）**制冷循环** 制冷循环是指将热量从低温热源中取出，并排放到高温热源中的热力循环。制冷循环中的物质称为工质（制冷剂）。

制冷过程就是从某一物体或空间移去热量，并将其转移给周围环境中的介质，使该物体或空间维持低于环境温度的某一相对低温。这一热量的转移过程称为制冷过程。

知识点 27 蒸气压缩式制冷循环

在蒸气压缩式制冷系统中，制冷剂从某一状态开始，经过各种状态变化，又回到初始状态。在这一周而复始的变化过程中，每一次都消耗一定机械能而从低温物体或环境中吸收热量，并将此热量移至高温物体或环境。这种通过制冷剂状态的变化来完成制冷作用的全过程，称为制冷循环。

知识点 28 制冷剂的过冷与过冷度

制冷剂饱和液体在饱和压力不变的条件下，继续冷却到饱和温度以下称为过冷，这种液体称为过冷液体，其温度称为过冷温度，过冷温度与饱和温度的差值称为过冷度。

知识点 29 制冷剂的过冷循环及意义与方法

（1）**制冷剂的过冷循环** 制冷剂的过冷循环是指利用节流前的制冷剂液体来加热回到压缩机的气体，使节流前的液体达到过冷，回到压缩机的吸气达到过热，这样既保证了制冷量的实现，又保证了压缩机不会因为吸入湿蒸气而产生"液击"故障。

（2）**制冷剂过冷循环的意义** 制冷剂液体经过节流装置膨胀时，因节流损失而使少量制冷剂蒸发，产生"闪气"现象，它会影响制冷剂的流动性，使制冷效果下降。为了弥补这种缺陷，实际中使制冷剂进一步冷却，使其温度低于冷凝压力下所对应的饱和温度，使其不会出现"闪气"现象，保证制冷剂的正常流动性和制冷效果。

（3）**过冷循环在制冷系统中的实现方法** 在中小型制冷系统中，把制冷系统的供液管与回气管包扎在一起，并做好两者的保温处理，利用回气管的低温降低供液管里的液体温度，也可把一段供液管和膨胀阀直接安装在库房内，经再次冷却达到过冷的目的，从而提高制冷效率。同时也加热了回气管的温度，避免活塞式压缩机吸入过湿蒸气而产生"液击"故障。

知识点 30　制冷剂饱和状态与饱和蒸气

在一定压力和温度条件下，制冷剂在汽化过程中，气液两相处于平衡共存的状态，这种状态称为饱和状态。在饱和状态下制冷剂处于气液两相共存状态下的混合物，称为饱和蒸气。

知识点 31　饱和温度与饱和压力

在密闭容器内液体蒸发或沸腾而汽化为气体分子，同时由于气体分子之间以及气体分子与容器壁之间发生碰撞，其中一部分气体分子又回到液体中去，当在同一时间内两者数量相等，即汽化的分子数与返回液体中的分子数平衡时，这一状态称为饱和状态。饱和状态时的温度就称为饱和温度，饱和温度时的压力就称为饱和压力。

在制冷技术中，制冷剂在蒸发器和冷凝器内的状态可宏观地视为饱和状态。也就是说，蒸发器内的温度及冷凝器内的温度均视为饱和温度，因此，蒸发压力和冷凝压力也视为饱和压力。

制冷剂在饱和状态下其温度和压力是一一对应的，因此人们在制冷过程中可以通过测试制冷剂的压力，然后通过查询制冷剂的压焓图找到与之对应的温度值。

知识点 32　临界温度与压力及意义

当各种气体的压力升高时，其比体积减小。随着压力继续升高，蒸气的比体积逐渐接近于液体的比体积，当两者相等时，称为临界状态。对应临界状态点的温度称为临界温度，压力称为临界压力。

制冷剂的临界温度是制冷剂不可能加压液化的最低温度。每种制冷剂蒸气都有一个临界点，临界温度对制冷剂液化意义很大，若制冷剂温度处于临界温度以上，要使其液化，不管压力多高，制冷剂蒸气都不会变成液体。这一点在冷库制冷系统的制冷剂选择上有着十分重要的意义。

知识点 33　过热与过热度及过热蒸气

（1）过热与过热度　过热与过热度是指在饱和压力条件下，继续使饱和蒸气被加热，使其温度高于饱和温度，这种状态称为过热。这种状态下的蒸气称为过热蒸气。此时的温度称为过热温度，过热温度与饱和温度的差值称为过热度。

在制冷系统中压缩机的吸气往往是过热蒸气，若忽略管道的微小压力损失，那么，压缩机吸气温度与蒸发温度差值就是在蒸发压力下制冷剂蒸气的过热度。例如，在标准工况下 R22 制冷剂的蒸发温度为 $-15℃$，吸气温度为 $15℃$，那么其过热度就是 $30℃$。

制冷压缩机排气管内的温度均为在冷凝压力下的过热蒸气；排气温度与冷凝温度的差值就是排气过热度。

（2）过热蒸气　过热蒸气是指在一定的压力下，温度高于饱和温度的制冷剂蒸气。制冷压缩机排气管处的蒸气温度，一般都高于饱和温度，都属于过热蒸气，称为排气过热。

知识点 34　有害过热与有益过热

（1）有害过热　有害过热是指制冷系统由于回气管（吸气管）的长度过长或隔热管道隔热措施不好，使管内的蒸气与外界环境进行热交换，从而被加热，这种现象称为吸气过热。吸气过热又被称为有害过热。因此，要求在制冷系统吸气管道上必须做好隔热措施，并尽量缩短吸气管的长度，以减少这种有害过热。

（2）有益过热　有益过热是指在使用膨胀阀作为节流装置的氟制冷系统中，应用过热度来调节热力膨胀阀的开启度，这种现象称为有益过热。同样，氟蒸气在经过回热后产生的过热，也属于有益过热。

知识点 35　蒸气压缩制冷的过热循环

蒸气压缩制冷的过热循环就是把经制冷系统冷凝器冷却成液体后，从储液器出来的液态氟利昂制冷剂与蒸发器出来的回气管低温氟利昂制冷剂气体进行热交换，来降低节流前氟利昂液体的温度，从而提高系统的制冷量和制冷机组的效率，并可有效防止液态制冷剂回到压缩机，避免压缩机出现湿冲程问题。

知识点 36　制冷量

制冷系统在进行制冷运行时，单位时间内（每小时）从低温物体或空间吸取的热量称为制冷量。制冷量国际单位制的单位是瓦（W）。

二、练习题

1. 热力学是研究（　　）与机械能之间相互转换规律的学科。

A. 热能　　　　　B. 电能　　　　　C. 动能　　　　　D. 风能

2. 热力学研究的能量转换规律，是指（　　）。

A. 材料力学基本定律　　　　　B. 流体力学基本定律

C. 热力学基本定律　　　　　D. 材料学基本定律

3. 温度是物体冷热程度的（　　　）。

A. 量度　　　　　B. 标度　　　　　C. 标尺　　　　　D. 标准

4. 温标是温度（　　　）的表示方法。

A. 数字　　　　　B. 数值　　　　　C. 符号　　　　　D. 特定

5. 我国在制冷设备指标中，采用（　　　）。

A. 法定温标　　　B. 华氏温标　　　C. 摄氏温标　　　D. 绝对温标

6. 制冷工程中，把作用在单位面积上的（　　　）称为压力。

A. 垂直作用力　　B. 水平作用力　　C. 气体的动力　　D. 流体的动力

7. 制冷工程中，压力的国际单位是：（　　　）。

A. kgf/cm^2　　　B. Pa　　　　　C. mmHg　　　　D. mmH$_2$O

8. 绝对压力与相对压力的正确表达式是：（　　　）。

A. $p_绝 = p_相 \times B$　　B. $p_绝 = p_相 - B$　　C. $p_绝 = p_相 + B$　　D. $p_绝 = p_相 / B$

9. 热能是（　　　）的一种形式，是物质分子运动的动能。

A. 能量　　　　　B. 热量　　　　　C. 冷量　　　　　D. 动量

10. 热量是物质（　　　）转移时的度量，是表示物体吸热或放热多少的量度。

A. 势能　　　　　B. 动能　　　　　C. 热能　　　　　D. 位能

11. 热力学第一定律是指物体的内能与机械能之间的（　　　）。

A. 相互转化与守恒　　　　　　　　B. 相对变化与守恒

C. 相互替换与变化　　　　　　　　D. 相互消化与变化

12. 热力学第一定律是说一定量热消失时必然产生（　　　）的机械能。

A. 数量基本不一样　　　　　　　　B. 数量很难确定

C. 数量完全一样　　　　　　　　　D. 数量随时变化

13. 热力学第二定律指出，热量若从低温物体转移到高温物体要（　　　）。

A. 消耗外界功　　B. 消耗外界热　　C. 消耗内部功　　D. 消耗内部热

14. 人工制冷是热力学第二定律的典型（　　　）。

A. 否定　　　　　B. 应用　　　　　C. 改造　　　　　D. 变革

15. 热力学第二定律指出了能量转化的（　　　）和方向。

A. 方法　　　　　B. 规律　　　　　C. 条件　　　　　D. 措施

16. 工质在某种状态下所蕴藏的总能量称为该物质的（　　　）。

A. 外能　　　　　B. 内能　　　　　C. 势能　　　　　D. 动能

17. 物质在吸放热过程中只发生温度变化，不发生状态变化时所吸收或放出的热量称为（　　　）。

A. 显热　　　　　B. 潜热　　　　　C. 比热　　　　　D. 热容

18. 1kg 0℃的冰化为 25℃水经历了（　　　）的变化。

A. 溶解＋潜热　　B. 显热＋溶解　　C. 潜热＋显热　　D. 显热＋潜热

19. 物质在汽化过程中（　　）达到平衡时的状态称为饱和状态。

A. 气液两相　　　　B. 固体与液体　　　C. 液体与气体　　　D. 液体与液体

20. 在某一压力下，物质气液两相达到饱和时的温度称为（　　）。

A. 饱和压力　　　　B. 饱和温度　　　　C. 共有温度　　　　D. 混合温度

21. 研究不同温度的物体间热能传递规律的学科称为（　　）。

A. 热力学　　　　　B. 传热学　　　　　C. 热化学　　　　　D. 动力学

22. 在（　　）作用下热能的转移现象称为传热。

A. 温差　　　　　　B. 压差　　　　　　C. 传导　　　　　　D. 导热

23. 热能从一个物体流动到另一个物体的过程称为（　　）。

A. 热发散　　　　　B. 热扩散　　　　　C. 热交换　　　　　D. 热流动

24. 热量在温差作用下传递有（　　）基本方法。

A. 两种　　　　　　B. 三种　　　　　　C. 四种　　　　　　D. 五种

25. 热传导一般在（　　）进行。

A. 金属材料中　　　B. 等温条件下　　　C. 温差条件下　　　D. 对流液体中

26. 对流是热量在（　　）进行的一种热传递现象。

A. 固体中　　　　　B. 液体中　　　　　C. 气体中　　　　　D. 流体中

27. 物质由固态直接变为气态的现象是（　　）。

A. 溶解　　　　　　B. 升华　　　　　　C. 凝华　　　　　　D. 凝固

28. 物质由液态变为气态的过程是（　　）过程。

A. 汽化　　　　　　B. 升华　　　　　　C. 沸腾　　　　　　D. 蒸发

29. 发生在固体物质内部的传热方式称为（　　）。

A. 热传导　　　　　B. 热辐射　　　　　C. 热对流　　　　　D. 热交换

30. 热传导的计算公式 $Q=KF\Delta T$ 中的 K 为（　　）。

A. 导热系数　　　　B. 传热系数　　　　C. 放热系数　　　　D. 温差系数

31. 依靠（　　）的流动而进行热传递的方式称为热对流。

A. 工质　　　　　　B. 液体　　　　　　C. 气体　　　　　　D. 流体

32. 热对流可分为（　　）热传导方式。

A. 一种　　　　　　B. 两种　　　　　　C. 三种　　　　　　D. 四种

33. 在热对流的计算公式 $Q=\alpha F\Delta t$ 中，Δt 为（　　）。

A. 流体与物体壁面的温差　　　　　　　B. 流体与物体之间的温差

C. 流体与物体内部的温度　　　　　　　D. 流体与物体外部的温度

34. 在传热学中，常用 λ 表示（　　）。

A. 传热系数　　　　B. 换热系数　　　　C. 放热系数　　　　D. 导热系数

35. 表征物体（　　）的一个物理量称为导热系数。

A. 导热性能　　　　B. 放热性能　　　　C. 换热性能　　　　D. 温差性能

36. 反映某种物体传递热量的能力的一个热物理特性指标叫作（　　）。

A. 传热系数　　　　B. 温差系数　　　　C. 导热系数　　　　D. 温度系数

37. 在流体和固体壁面之间换热时，（　　）流体和固体壁面之间的温差为 1℃ 时所传递的热量称为放热系数。

A. 每分钟每平方厘米　　　　　　　　B. 每小时每平方厘米

C. 每分钟每平方米　　　　　　　　　D. 每小时每平方米

38. 放热系数的单位是（　　）。

A. kJ/（m²·h·℃）　　　　　　　　B. W/（m²·℃）

C. J/（mm²·h·℃）　　　　　　　　D. cal/（cm²·h·℃）

39. 传热过程中，在（　　）作用下，单位时间内、单位面积上热量传递的数值称为传热系数。

A. 1℃温差　　　　B. 1℃温度　　　　C. 1kJ 热量　　　　D. 1kcal 热量

40. 传热系数的单位是（　　）。

A. kJ/（m·h·℃）　　　　　　　　B. J/（m²·h）

C. kJ/（m²·h）　　　　　　　　　D. W/（m²·K）

41. 隔热材料应具备的性能是（　　）。

A. 吸水性要大　　　B. 导热系数大　　　C. 导热系数小　　　D. 传热性能好

42. 隔热材料性能最好的材料是（　　）。

A. 硬质聚氨酯　　　B. 聚乙烯泡沫　　　C. 聚乙烯板　　　D. 玻璃棉

43. 选择隔热材料时，正确的要求是（　　）。

A. 传热系数要大　　　B. 吸水性要小　　　C. 耐火性一般　　　D. 价格要便宜

44. 液体和气体都具有流动性，统称为（　　）。

A. 气体　　　　B. 液体　　　　C. 流体　　　　D. 混合体

45. 研究流体平衡和（　　）以及这些规律在工程技术中应用的学科称为流体力学。

A. 运动规律　　　B. 流动方式　　　C. 流动特点　　　D. 流动状态

46. 液体没有（　　），但有固定体积。

A. 固体形状　　　B. 固定颜色　　　C. 固定气味　　　D. 固定温度

47. （　　）的特征是没有固定形状，但有固定体积。

A. 水蒸气　　　B. R22 蒸气　　　C. 液体　　　D. 固体

48. 气体既没有固定（　　）也没有固定体积。

A. 形状　　　　B. 形式　　　　C. 行踪　　　　D. 行为

49. （　　）不能形成自由液面，易于压缩。

A. 液体　　　　B. 气体　　　　C. 固体　　　　D. 溶液

50. 流体的黏度又称为（　　）。

A. 动力黏度 　　　　 B. 静力黏度 　　　　 C. 扩张黏度 　　　　 D. 压缩黏度

51. 流体黏度的单位是（　　　）。

A. $\lambda \cdot s/m^2$ 　　 B. $Pa \cdot s$ 　　 C. $T \cdot s/m^2$ 　　 D. $Z \cdot s/m^2$

52. 液体黏度是流体的一种物性，温度升高黏度（　　　）。

A. 增大 　　　　 B. 不变 　　　　 C. 减小 　　　　 D. 取消

53. 工质在流动过程中，必然会有（　　　）和位能的变化。

A. 动能 　　　　 B. 势能 　　　　 C. 热能 　　　　 D. 能量

54. 流体在流动过程中，工质的动能、位能的变化很小，称为（　　　）。

A. 恒定不变能量 　　 B. 微量变化能量 　　 C. 稳定流动能量 　　 D. 稳定变化能量

55. 当两种流体的入口温差和出口温差（$\Delta t'/\Delta t''$）<2 时，则平均温差可按
（　　　）平均计算。

A. 指数 　　　　 B. 函数 　　　　 C. 对数 　　　　 D. 算数

56. 在静止状态流体（　　　）流体流线方向上测的压力称为静压力。

A. 垂直于 　　　　 B. 平行于 　　　　 C. 交叉 　　　　 D. 穿过

57. 当流体被障碍物阻止时，动能转变成压力能所引起的超过其静压部分的压力
称为（　　　）。

A. 静压力差 　　　　 B. 阻力压力 　　　　 C. 流体压力 　　　　 D. 流动压力

58. 理想流体稳定流动时，流体中某点的压力、流速和该点高度之间的关系称为
（　　　）。

A. 伯努利方程 　　 B. 连续性方程 　　 C. 流动性方程 　　 D. 恒定性方程

59. 流体阻力及能量损失与外部边界条件和流体自身流动的（　　　）有关。

A. 状态 　　　　 B. 形式 　　　　 C. 温度 　　　　 D. 压力

60. 减少流体流动阻力的途径有两条，一是减小沿程阻力，二是（　　　）。

A. 减小流体流速 　　　　　　　　 B. 加大流体流速

C. 减小局部阻力 　　　　　　　　 D. 减小系统阻力

61. 物质在传热过程中所传递的热量，（　　　）冷热流体间的温差及传热面积。

A. 反比于 　　　　 B. 正比于 　　　　 C. 约等于 　　　　 D. 恒等于

62. 制冷系统中，可以通过（　　　）加强传热效果。

A. 增加管道的长度和翅片的数量 　　　　 B. 减少管道的长度和翅片的数量

C. 减小管道的直径和加大壁厚 　　　　　 D. 提高制冷系统的蒸发温度

63. 减弱物质传热性，可采用的方法是（　　　）。

A. 加大隔热材料的传热面积 　　　　　　 B. 加大隔热材料两边的温度差

C. 加大隔热材料的厚度 　　　　　　　　 D. 减小隔热材料的厚度

64. 对热交换器进行传热温差计算时，公式中采用（　　　）计算时称为对数平
均温差。

A. 对数   B. 指数   C. 幂数   D. 函数

65. 在制冷循环中，气体压缩后的绝对压力与压缩前绝对压力（　　　）称为压缩比。

A. 之差   B. 之和   C. 之比   D. 之积

三、参考答案

1. A	2. C	3. A	4. B	5. C	6. A	7. B	8. C
9. A	10. C	11. A	12. C	13. A	14. B	15. C	16. B
17. A	18. C	19. A	20. B	21. B	22. A	23. C	24. B
25. C	26. D	27. B	28. A	29. A	30. B	31. D	32. B
33. A	34. D	35. A	36. C	37. D	38. A	39. A	40. D
41. C	42. A	43. B	44. C	45. A	46. A	47. C	48. A
49. B	50. A	51. B	52. C	53. A	54. C	55. D	56. A
57. D	58. A	59. A	60. C	61. B	62. A	63. C	64. A
65. C							

理论模块 3 制冷剂与润滑油

一、核心知识点

知识点 1 制冷剂及其发展阶段

制冷剂是制冷系统中完成制冷循环所必需的工作介质，制冷剂在制冷系统中不断与外界进行热交换。制冷剂借助压缩机做的功，将被冷却对象的热量连续不断地传递给外界环境，从而实现制冷。

现代制冷剂的发展大约经历了 5 个发展阶段。第一阶段是以空气、二氧化碳、乙醚等作为压缩式制冷系统的制冷剂；第二阶段的制冷剂是以氨作为制冷剂的代表；第三阶段的制冷剂以氟利昂系列制冷剂作为代表；第四阶段的制冷剂是以 R134a 为代表的替代工质作为标志；第五阶段则是以众多绿色环保型制冷剂为代表。

知识点 2 对制冷剂的要求

（1）制冷剂的工作温度和工作压力要适中　在蒸发温度与冷凝温度一定的制冷系统中，采用不同的制冷剂，就有着不同的蒸发压力与冷凝压力。一般要求是：蒸发压力不低于大气压，以防止空气渗漏；冷凝压力不得过高，一般以不超过 1.5MPa 为宜，以减小对系统密封性能、强度性能的要求。

（2）制冷剂要有较大的单位容积制冷量　制冷剂的单位容积制冷量越大，在同样的制冷量要求下，制冷剂使用量就越小，以利于缩小设备尺寸，在同样规格的设备中，可以获得较大的制冷量。

（3）制冷剂临界温度要高，凝固点要低　当环境温度高于制冷剂临界温度时，制冷剂就不再进行气、液间的状态变化。因此，制冷剂的临界温度高，便于在较高的环境温度中使用；凝固点低，在获取较低温度时，制冷剂不会凝固。

（4）制冷剂的导热系数和放热系数要高　这样可以提高热交换的效率，同时减小系统换热器的尺寸。

（5）对制冷剂其他方面的要求

1）不燃烧，不爆炸，高温下不分解。

2）无毒，对人体器官无刺激性。

3）对金属及其他材料无腐蚀性，与水、润滑油混合后也无腐蚀作用。

4）有一定的吸水能力。

5）价格便宜，易于购买。

知识点 3　制冷剂按化学性质分类及代号含义

根据制冷剂组成的化学成分分类，可分为无机化合物、卤族化合物（氟利昂）、碳氢化合物、共沸混合物和非共沸混合物。

无机化合物制冷剂主要有氨和水，是使用较早的制冷剂，后来逐渐为氟利昂制冷剂所取代，但氨和水依然作为制冷剂应用于大型冷藏库和空调制冷行业中。

无机化合物制冷剂的代号表示法是：字母 R 后的第一位数字为 7，其后是该物质相对分子质量的整数部分。如：

$$NH_3（氨）—R717 \qquad H_2O（水）—R718$$

知识点 4　氟利昂制冷剂

氟利昂的名称源于英文 Freon，它是一个由美国杜邦公司注册的制冷剂商标。我国一般将氟利昂定义为饱和烃的卤代物的总称，现在使用的氟利昂制冷剂主要为三大类。

（1）氯氟烃类　简称 CFCs，主要包括 R11、R12、R113、R114、R115、R500 和 R502 等，由于这类制冷剂对臭氧层的破坏作用最大，被《蒙特利尔破坏臭氧层物质管制议定书》列为一类受控物质。

（2）氢氯氟烃类　简称 HCFCs，主要包括 R22、R123、R141b、R142b 等，这类制冷剂对臭氧层的破坏系数仅是 R11 的百分之几，因此，目前 HCFCs 被视为 CFCs 最重要的过渡性替代物质。

（3）氢氟烃类　简称 HFCs，主要包括 R134A（R12 的替代制冷剂）、R125、R32、R407C、R410A（R22 的替代制冷剂）和 R152 等，这类制冷剂对臭氧层的破坏系数为 0，但是气候变暖潜能值很高。在《蒙特利尔破坏臭氧层物质管制议定书》中没有规定其使用期限，在《联合国气候变化框架公约》京都议定书中被定性为温室气体。

知识点 5　共沸制冷剂

共沸制冷剂是由两种（或两种以上）互溶的单纯制冷剂在常温下按一定的比例混合而成的。它的性质与单纯的制冷剂的性质一样，在恒定的压力下具有恒定的蒸发温度，且气相与液相的组分也相同。共沸制冷剂在编号标准中规定 R 后的第 1 个数字为 5，其后的两位数字按使用的先后顺序编号，目前已被正式命名的共沸制冷剂有R500~R509。

知识点 6　非共沸制冷剂

非共沸制冷剂由两种以上沸点相差较大的相互不形成共沸的单组分制冷剂溶液组成。其溶液在加热时虽然在相同压力下易挥发比例大，难挥发比例小，使得整个蒸发过程中其稳定性在变化。所以其相变过程是不等温的，能使制冷循环获得更低的蒸发温度，增大制冷系统的制冷量。典型的如 R407C 就是由 R32、R125、R134a 组成的，R410a 就是由 R32、R125 组成的。

知识点 7　高温制冷剂、中温制冷剂、低温制冷剂

制冷剂根据使用的温度范围分类，可分为高温、中温、低温三大类。

（1）高温制冷剂　高温制冷剂又称为低压制冷剂，其蒸发温度高于 0℃，冷凝压力低于 0.3MPa，如 R11、R21 等，适合用于离心式压缩机的空调系统。

（2）中温制冷剂　中温制冷剂又称为中压制冷剂，其蒸发温度在 −50~0℃，冷凝压力在 1.5~2.0MPa，如 R12、R22、R502 等。中温制冷剂适用范围较广，适合用于活塞式压缩机的电冰箱、食堂小冷库、空调用制冷系统和大型冷藏库等制冷装置中。

（3）低温制冷剂　低温制冷剂又称为高压制冷剂，其蒸发温度低于 −50℃，冷凝压力在 2.0~4.0MPa 范围内，如 R13、R14 等，主要用于低温的制冷设备中，如复叠式低温制冷装置中。

知识点 8　CFC 与 CFCs 的含义

（1）CFC　CFC 即氯氟烃，又称为氯氟化碳。不含氢的卤代烃统称为 CFC，它是对大气臭氧层破坏最大的一类卤代烃，属于限制或禁止使用的物质。

（2）CFCs　CFCs 即碳氟化合物，是 20 世纪 30 年代初发明并且开始使用的一种人造的含有氯、氟元素的碳氢化学物质，可以用作喷雾器中的推进剂和空调、冰箱中的制冷剂，其中的氯原子对大气中的臭氧分子有破坏作用。

知识点 9 ODP 与 GWP 的含义

（1）ODP ODP 即消耗臭氧潜能值。ODP 值越小，制冷剂的环境特性越好。ODP 值小于或等于 0.05 的制冷剂是可以接受的。

（2）GWP GWP 即全球变暖潜能值。GWP 是一种物质产生温室效应的一个指数。GWP 是在 100 年的时间框架内，各种温室气体的温室效应对应于相同效应的二氧化碳的质量。二氧化碳被作为参照气体，是因为其对全球变暖的影响最大。

知识点 10 储存制冷剂的要求

制冷剂一般都储存在专用的钢瓶内，储存不同制冷剂的钢瓶其耐压程度不同。为标明盛装不同种类的制冷剂，一般在制冷剂钢瓶上涂以不同的颜色，以示区别（例如氨瓶用黄色，氟瓶为银灰色），同时注明缩写代号或名称，防止误用。

储存不同制冷剂的钢瓶不能互相调换使用。储存制冷剂的钢瓶切勿放在太阳下曝晒或靠近火焰及高温的地方，同时在运输过程中防止钢瓶相互碰撞，以免造成爆炸。

钢瓶上的控制阀常用一帽盖或铁罩加以保护，使用后应注意把卸下的帽盖或铁罩重新装上，以防在搬运中受碰击而损坏。

当钢瓶中的制冷剂用完时，应立即关闭控制阀，并在瓶口上装上螺塞，以防止渗入空气或水气。对于大型号的制冷剂钢瓶还应带好瓶帽，以防在运输过程中碰坏控制阀。

在贮存制冷剂房间内若发现制冷剂有大量渗漏，必须把门窗打开对流通风，以免造成人员窒息。若从系统中将制冷剂抽出压入钢瓶，过程中应用水冲钢瓶，使其得到充分的冷却。制冷剂的充注量以占钢瓶容积的 80% 左右为宜，使其在常温下有一定的膨胀余地。

知识点 11 快速鉴定制冷剂

通常，对制冷剂纯度进行测定时，应由化验部门进行，若要在制冷装置安放现场判断制冷剂的纯度，可用简易方法进行。制冷剂纯度的简易测定方法为：取一张清洁的白纸，对着倒置的制冷剂钢瓶的瓶口，稍微放出一些液体制冷剂，观察它自然蒸发后留在白纸上的痕迹。不含杂质的高纯度制冷剂不会留下什么痕迹或痕迹不明显；含有杂质纯度不高的制冷剂会在纸上留下明显的痕迹。若发现制冷剂含有杂质，应重复再做一次测试，以确认制冷剂是否含有杂质。若制冷剂含有杂质，纯度太低，会对制冷系统的制冷效果有一定的影响，应考虑更换制冷剂或对制冷剂进行机械再生处理。

知识点 12 冷冻润滑油作用

冷冻润滑油在制冷系统中的作用如下：

1）润滑相互摩擦的零件表面，使摩擦表面完全被油膜分开，降低压缩机的摩擦功、摩擦热和零件的磨损。

2）带走摩擦热量，降低压缩机摩擦部件的表面温度，使摩擦零件的温度保持在允许范围内。

3）使活塞环与气缸镜面间、轴封摩擦面等密封部分充满润滑油，以阻挡制冷剂的泄漏。

4）带走金属摩擦表面产生的磨屑。

5）为能量调节机构提供动力。

知识点 13 冷冻润滑油的浊点

冷冻油润滑油的浊点是指温度降低到某一数值时，油中开始析出石蜡，使油变得混浊时的温度。

对冷冻润滑油浊点的要求是应低于制冷剂的蒸发温度，因冷冻润滑油与制冷剂互相溶解，并循环流动于制冷系统的各部分，若冷冻润滑油中有石蜡析出，石蜡就会积存在节流阀孔而形成堵塞，若积存在蒸发器内表面，就会增加热阻，影响传热效果。

知识点 14 冷冻润滑油的凝固点与闪点

（1）冷冻润滑油的凝固点 冷冻润滑油在实验条件下冷却到停止流动的温度称为凝固点。制冷设备所用冷冻润滑油的凝固点应越低越好（如使用 R22 的压缩机，冷冻润滑油凝固点应在 −55℃以下），否则会影响制冷剂的流动，增加流动阻力，从而导致传热效果变差。

（2）冷冻润滑油的闪点 冷冻润滑油闪点是指润滑油加热到它的蒸气与火焰接触时发生闪火的最低温度。制冷设备所用冷冻润滑油的闪点必须比排气温度高 15~30℃，以免引起润滑油的燃烧和结焦，而影响排气阀的正常工作。

R22 制冷机组用冷冻润滑油的闪点应在 160℃以上。闪点高的冷冻润滑油的热稳定性良好，在高温时也不容易生成结炭。

知识点 15 对冷冻润滑油的要求

制冷系统中对冷冻润滑油的要求主要有以下 6 点：

1）冷冻润滑油在与制冷剂混合的情况下，能保持足够的黏度。冷冻润滑油的黏度一般用运动黏度来表示，单位是 m^2/s。

2）凝固点应比较低，一般凝固点应低于制冷剂蒸发温度 5~10℃。

3）冷冻润滑油加热到它的蒸气与明火接触即发生闪火时的最低温度，称为闪点。制冷压缩机选用的冷冻润滑油的闪点应比其排气温度高 20~30℃，以免引起冷冻润滑油的燃烧和结炭。

4）制冷压缩机所使用的冷冻润滑油不应含有水分和杂质。冷冻润滑油中若有水分存在，将会破坏油膜，并导致系统产生"冰堵"，引起冷冻润滑油变质和对金属产生腐蚀等作用。冷冻润滑油中若混有机械杂质将会使运动部件磨损加剧，造成油路系统或过滤器堵塞。

5）压缩机中的冷冻润滑油使用时应具有良好的化学稳定性，对机械不产生腐蚀作用。

6）冷冻润滑油要有良好的绝缘性，要求冷冻润滑油的击穿电压高于 2500V。

知识点 16 国产冷冻润滑油的规格

我国目前冷冻润滑油是按照 GB/T 16330—2012《冷冻机油》生产的，该标准的产品按 40℃时运动黏度中心值分为 N15、N22、N32、N46 和 N68 五个黏度等级。每个等级都可用于以氨为制冷剂的冷冻机。但是以前颁布的冷冻润滑油规格按 50℃时的运动黏度值而分为 13、18、25 和 30 四个规格。

在制冷系统维修中，一般 R12 压缩机选用 N32（18 号），R22 压缩机选用 N46（25 号）。

知识点 17 POE 和 PAG 冷冻润滑油

POE，即聚酯油，它是一类合成的多元醇酯类油。PAG 是合成的聚（乙）二醇类润滑油。其中，POE 不仅用于 HFC 类制冷系统中，也能用于烃类制冷系统中，PAG 则可以用于以 HFC 类、烃类和氨作为制冷剂的制冷系统。

知识点 18 冷冻润滑油变质的原因

冷冻润滑油变质的原因主要有如下：

（1）混入水分 由于制冷系统中渗入空气，空气中的水分在与冷冻润滑油接触后便混合进去了；另外，也有可能是由于氨中含水量较多时，使水分混入冷冻润滑油。冷冻润滑油中混入水分后，黏度会降低，引起对金属的腐蚀。在氟利昂制冷系统中，还会引起管道或阀门的冰塞现象。

（2）氧化 冷冻润滑油在使用过程中，当压缩机的排气温度较高时，就有可能发生氧化变质，特别是氧化稳定性差的冷冻润滑油，更易变质，经过一段时间，冷冻润滑油中会形成残渣，使轴承等处的润滑效果变差。

（3）冷冻润滑油混用 几种不同牌号的冷冻润滑油混用时，会造成冷冻润滑油的黏度降低，甚至会破坏油膜的形成，使轴承受到损害；如果两种冷冻润滑油中，含有不同性质的抗氧化添加剂，混合在一起时，就有可能产生化学变化，形成沉淀物，进而使压缩机的润滑性能受到影响，故使用时要加以注意。

知识点 19 防止冷冻润滑油变质的方法

要防止冷冻润滑油变质，可以从以下几点做起：

（1）降低冷冻润滑油储存场所的温度　将冷冻润滑油储存在阴凉、干燥没有阳光照射的场所。

（2）减少与空气接触的机会　冷冻润滑油储存时要尽量将油桶装满，减少润滑油与空气接触的机会，桶盖要有密封胶垫并尽量拧紧，阻隔空气渗入油桶中，以延缓其氧化变质的时间。

（3）防止水分、机械杂质混入　为防止水分、机械杂质混入润滑油中，盛装冷冻润滑油的油桶要使用专用油桶，在分装润滑油前要对油桶进行清洁干燥处理。

知识点 20 储存冷冻润滑油的要求

储存冷冻润滑油的要求如下：

1）储存容器应由不锈钢或钢质材料制成。

2）储存容器必须防水、防潮、防机械杂质进入，水分进入会影响油品的电绝缘性能；机械杂质等的混入会导致压缩机轴承磨损，造成停机等严重后果。

3）储存容器必须清洁，内表面无剥落。

4）储存容器应当专用，小包装容器为一次性使用容器。

二、练习题

1. 按制冷剂使用的温度范围分类，可分为高温低压、低温高压和（　　）制冷剂。

A. 高温高压　　　　B. 低温低压　　　　C. 常温常压　　　　D. 中温中压

2. 无机化合物制冷剂有氨、二氧化碳、水和（　　）等。

A. 氮气　　　　　　B. 氧气　　　　　　C. 氦气　　　　　　D. 氢气

3. 蒸气压缩式制冷系统中的卤代烃制冷剂有 R12、R22 和（　　）。

A. R717　　　　　　B. R500　　　　　　C. R11　　　　　　D. R718

4. 氨易溶于水，15℃时的溶水比例为（　　）。

A. 7:1　　　　　　B. 70:1　　　　　　C. 700:1　　　　　D. 7000:1

5. R134a 在一个标准大气压下的沸点为（　　）。

A. −26.5℃　　　　　B. −29.8℃　　　　　C. −40.8℃　　　　　D. −33.4℃

6. R22 不溶于水，要求其含水量不得超过（　　）。

A. 0.00025%　　　　B. 0.0025%　　　　C. 0.025%　　　　D. 0.25%

7. R134a 制冷剂的分子式是（　　）。

A. CCl_3F　　　　　　B. CHF_2Cl　　　　　C. CF_2Cl_2　　　　　D. CH_2FCF_3

8. R134a 是替代（　　）较为理想的制冷剂。

A. R12　　　　　　　B. R13　　　　　　　C. R11　　　　　　　D. R22

9. R22 的分子式为（　　　）。

A. CHF$_3$　　　　　B. CH$_3$Cl　　　　　C. CF$_2$Cl$_2$　　　　　D. CHClF$_2$

10. 在一个标准大气压下，R22 的沸点与凝固点分别为（　　　）。

A. −40.8℃、−160℃　　　　　　　　　B. −29.8℃、−155℃

C. −25.6℃、−101℃　　　　　　　　　D. −33.4℃、−77.7℃

11. 一氟三氯甲烷的代号是（　　　）。

A. R12　　　　　　　B. R22　　　　　　　C. R13　　　　　　　D. R11

12. R22 和 R115 按比例混合后的制冷剂代号是（　　　）。

A. R500　　　　　　B. R501　　　　　　C. R502　　　　　　D. R503

13. R717 的分子式是（　　　）。

A. CH$_3$CH$_3$　　　B. C$_2$H$_2$F$_4$　　　C. NH$_3$　　　　　D. CH$_4$

14. 在一个标准大气压下，R717 的沸点与凝固点分别为（　　　）。

A. −40.8℃、−160℃　　　　　　　　　B. −29.8℃、−155℃

C. −25.6℃、−101℃　　　　　　　　　D. −33.4℃、−77.7℃

15. R22 的单位容积制冷量在空调工况比 R12 大（　　　）。

A. 40%　　　　　　B. 50%　　　　　　C. 55%　　　　　　D. 60%

16. （　　　）是指将液体制冷剂冷却到低于相应压力下饱和温度的过程。

A. 过热　　　　　　B. 过冷　　　　　　C. 饱和　　　　　　D. 干度

17. 制冷剂饱和温度与过冷液体温度（　　　）称为过冷度。

A. 之和　　　　　　B. 之比　　　　　　C. 之差　　　　　　D. 之积

18. 将制冷剂蒸气加热到（　　　）的过程，称为过热。

A. 等于相应压力下临界温度　　　　　　B. 等于相应压力下饱和温度

C. 高于相应压力下临界温度　　　　　　D. 高于相应压力下饱和温度

19. R717 在空气中的浓度超过 0.02mg/L 时对人体呼吸系统有强烈刺激性，并有（　　　）危险。

A. 爆炸性　　　　　B. 燃烧性　　　　　C. 窒息性　　　　　D. 晕厥性

20. R717 对（　　　）有腐蚀作用。

A. 铜金属　　　　　B. 磷青铜　　　　　C. 钢　　　　　　　D. 铁

21. R717 以任意比例与（　　　）相互溶解。

A. 冷冻油　　　　　B. 空气　　　　　　C. 水　　　　　　　D. 酒精

22. 气态 R717 加压到（　　　）MPa 压力时，形成液态制冷剂。

A. 0.5~0.6　　　　　B. 0.7~0.8　　　　　C. 0.8~0.9　　　　　D. 1.02~2.02

23. R717 是应用较广泛的中温中压制冷剂，它在标准大气压下，沸点为（　　　）。

A. −29.8℃　　　　　B. −40.8℃　　　　　C. −33.6℃　　　　　D. −45.4℃

24. R718 是最容易得到的制冷剂之一，它只适用于（　　）以上的制冷装置。

A. -20℃　　　　　　B. 0℃　　　　　　C. 20℃　　　　　　D. 5℃

25. R718 在所有制冷剂中，它的（　　）最大。

A. 溶解显热　　　　B. 汽化潜热　　　　C. 汽化显热　　　　D. 凝固潜热

26. R718 常压下的饱和温度是（　　）。

A. 100℃　　　　　　B. 0℃　　　　　　C. 44℃　　　　　　D. 7.2℃

27. R502 常压下的沸腾温度是（　　）。

A. -29.8℃　　　　B. -33.4℃　　　　C. -40.8℃　　　　D. -45.4℃

28. R502 单位质量制冷量比 R22（　　）。

A. 要大　　　　　　B. 要小　　　　　　C. 不定　　　　　　D. 相等

29. 选用制冷剂时，单位（　　）越大越好。

A. 制冷量　　　　　B. 放热量　　　　　C. 功耗　　　　　　D. 热负荷

30. 制冷剂的（　　）要大，以便减小压缩机的尺寸。

A. 单位质量制冷量　　　　　　　　　B. 单位容积制冷量

C. 单位冷凝热负荷　　　　　　　　　D. 单位功耗

31. 选用制冷剂时，应考虑对（　　）无腐蚀和侵蚀作用。

A. 金属　　　　　　B. 非金属　　　　　C. 木材　　　　　　D. 非铁金属

32. 临界温度较低的制冷剂，在常温下不能液化，一般用于（　　）。

A. 双级制冷系统　　　　　　　　　　B. 单级制冷系统

C. 复叠制冷的高温级　　　　　　　　D. 复叠制冷的低温级

33. 制冷剂的（　　）越高，在常温下能够液化。

A. 排气温度　　　　B. 吸气温度　　　　C. 饱和温度　　　　D. 临界温度

34. 制冷剂的种类判别分类是根据（　　）进行的。

A. 临界温度的高低　　　　　　　　　B. 标准大气压力下的沸腾温度

C. 蒸发器内的压力　　　　　　　　　D. 制冷剂的相对分子质量

35. 在常温下（25℃），测定正常运转的制冷系统，其高压压力为 1.5 MPa（表压），系统里的制冷剂是（　　）。

A. R22　　　　　　B. R12　　　　　　C. R11　　　　　　D. R134a

36. 制冷剂的（　　）要小，以减少制冷剂在系统内流动的阻力。

A. 密度、比重　　　　　　　　　　　B. 重度、堆密度

C. 密度、黏度　　　　　　　　　　　D. 比体积、比重

37. 制冷剂的（　　）大，在压缩机中排气温度就高。

A. 定压比热容　　　B. 定容比热容　　　C. 绝热指数　　　　D. 比热容

38. 在氨制冷系统中，不存在（　　）问题。

A. 冰堵　　　　　　B. 油堵　　　　　　C. 脏堵　　　　　　D. 蜡堵

39. R13 制冷剂适用于（　　　）装置。

A. 单级压缩式制冷　　　　　　　　　B. 双级压缩式制冷

C. 蒸气喷射式制冷　　　　　　　　　D. 复叠压缩式制冷

40. R14 制冷剂适用于复叠制冷机组的（　　　）。

A. 高压级　　　　　　　　　　　　　B. 高温级和低温级

C. 低压级　　　　　　　　　　　　　D. 低温级

41. 制冷剂的环境特性主要包括两个指标（　　　）。

A. 一个是制冷剂对大气对流层损耗的潜能值，即 SWP；另一个是制冷剂的温室效应的潜能值，即 GWP

B. 一个是制冷剂对大气平流层损耗的显能值，即 OVP；另一个是制冷剂的温室效应的显能值，即 GVP

C. 一个是制冷剂对大气臭氧层损耗的潜能值，即 ODP；另一个是制冷剂的温室效应的显能值，即 GVP

D. 一个是制冷剂对大气臭氧层损耗的潜能值，即 ODP；另一个是制冷剂的温室效应的潜能值，即 GWP

42. 某种制冷剂蒸发时，其蒸发温度与蒸发压力是（　　　）。

A. 正比关系　　　B. 反比关系　　　C. 从属关系　　　D. 对应关系

43. 制冷剂在一定压力下冷却时的温度称为（　　　）。

A. 蒸发温度　　　B. 汽化温度　　　C. 冷凝温度　　　D. 凝华温度

44. 某种制冷剂在冷却时，冷凝温度与冷凝压力是（　　　）。

A. 对应关系　　　B. 反比关系　　　C. 连带关系　　　D. 正比关系

45. 制冷剂在饱和状态下冷却时的压力称为（　　　）。

A. 冷却压力　　　B. 冷凝压力　　　C. 液化压力　　　D. 汽化压力

46. 制冷设备借助于制冷剂的（　　　），来达到制冷目的。

A. 状态变化　　　B. 温度变化　　　C. 性质变化　　　D. 形式变化

47. 为了保证制冷系统正常工作，对制冷剂的一般要求不正确的是（　　　）。

A. 临界温度要高　　　　　　　　　　B. 凝固温度要低

C. 对材料无腐蚀性　　　　　　　　　D. 没有吸水能力

48. 为保证制冷系统正常工作，要求制冷剂的（　　　）。

A. 临界温度要低、凝固点要高　　　　B. 蒸发温度要低、流动性要差

C. 冷凝温度要高、附着性要好　　　　D. 临界温度要高、凝固点要低

49. 冷冻润滑油润滑摩擦表面，使摩擦表面被油膜分开，起到降低摩擦热、
（　　　）和部件磨损。

A. 减少摩擦功　　　　　　　　　　　B. 增大部件间隙

C. 增加摩擦功　　　　　　　　　　　D. 增加机械功

50. 冷冻润滑油可以（　　　）使机械温度保持在允许范围内。

A. 强化机械功　　　B. 带走摩擦热　　　C. 带走制冷剂　　　D. 增加摩擦热

51. 在制冷机械中用（　　　）作为卸载机构的液压动力。

A. 冷冻水　　　　　B. 载冷剂　　　　　C. 制冷剂　　　　　D. 冷冻润滑油

52. 为保证实现正常的润滑，要求冷冻润滑油具有（　　　）。

A. 适当的黏度　　　B. 适当的温度　　　C. 适当溶水性　　　D. 适当溶气性

53. 为防止压缩机运行中因排气温度过高产生积炭，冷冻润滑油的闪点应在（　　　）以上。

A. 120℃　　　　　B. 140℃　　　　　C. 160℃　　　　　D. 180℃

54. 为保证冷冻润滑油具有良好的低温流动性，要求冷冻润滑油的凝固点在（　　　）以下。

A. –20℃　　　　　B. –40℃　　　　　C. –50℃　　　　　D. –55℃

55. 使用以 R12 为制冷剂的制冷压缩机多采用（　　　）冷冻润滑油。

A. 13 号　　　　　B. 18 号　　　　　C. 25 号　　　　　D. 30 号

56. 25 号冷冻润滑油适用于以（　　　）做制冷剂的制冷压缩机。

A. R11　　　　　　B. R12　　　　　　C. R22　　　　　　D. R500

57. （　　　）冷冻润滑油均适用于氨制冷压缩机。

A. 13 号、18 号、25 号　　　　　　　B. 18 号、25 号、30 号

C. 25 号、30 号、40 号　　　　　　　D. 30 号、40 号、60 号

58. 不溶于润滑油的制冷剂是（　　　）。

A. R717　　　　　B. R12　　　　　　C. R22　　　　　　D. R11

59. 与润滑油微溶的制冷剂是（　　　）。

A. R717　　　　　B. R12　　　　　　C. R22　　　　　　D. R11

60. 制冷压缩机选用的冷冻润滑油黏度过小，将会产生（　　　）。

A. 制冷压缩机不运转　　　　　　　　B. 制冷压缩机运转轻快

C. 制冷压缩机运转时过热抱轴　　　　D. 制冷压缩机工作不受影响

61. 制冷压缩机灌注冷冻润滑油的型号与（　　　）有关。

A. 冷凝压力　　　B. 蒸发温度　　　C. 环境温度　　　D. 制冷剂

62. R22 制冷压缩机，多选用的冷冻润滑油型号是（　　　）。

A. 13 号　　　　　B. 18 号　　　　　C. 30 号　　　　　D. 25 号

63. 压缩机中的冷冻润滑油必须适应制冷系统的特殊要求，能够（　　　）。

A. 耐高温而不凝固　　　　　　　　　B. 耐高温而不汽化

C. 耐低温而不汽化　　　　　　　　　D. 耐低温而不凝固

三、参考答案

1. D	2. A.	3. C	4. C	5. A	6. B	7. D	8. A
9. D	10. A	11. D	12. C	13. C	14. D	15. C	16. B
17. C	18. D	19. A	20. A	21. C	22. B	23. C	24. B
25. B	26. A	27. D	28. D	29. A	30. B	31. A	32. D
33. D	34. B	35. A	36. C	37. C	38. A	39. D	40. D
41. D	42. D	43. C	44. A	45. B	46. A	47. D	48. D
49. A	50. B	51. D	52. A	53. C	54. B	55. B	56. C
57. A	58. A	59. C	60. C	61. D	62. D	63. D	

理论模块 4 蒸气压缩式制冷循环系统知识

一、核心知识点

知识点 1 蒸气压缩式制冷系统的组成

蒸气压缩式制冷系统是由压缩机、冷凝器、节流装置、蒸发器 4 个主要部分组成，用管道依次连接，形成的一个完全封闭的系统。工质（制冷剂）在这个封闭的制冷系统中以流体状态循环，通过相变，连续不断地从蒸发器吸取热量，并在冷凝器中放出热量，从而实现连续制冷的目的。

知识点 2 制冷系统的工作原理

从蒸发器中流出的低温低压的制冷剂过热蒸气，被压缩机吸入，在气缸中受到压缩，温度、压力均升高后，排至冷凝器中，在冷凝器中受到冷却水或空气的冷却而放出凝结热，自身变成冷凝压力下的过冷液体。过冷液体经节流阀（又称为膨胀阀）节流减压到蒸发压力。在节流阀中的节流损失以牺牲制冷剂的内能作为代价，所以节流后的制冷剂温度也下降到蒸发温度。节流后的饱和湿蒸气进入蒸发器，由于面积增大，被冷却物提供热量，在制冷剂蒸发器中汽化，吸收大量的汽化潜热使被冷却物温度降低。汽化后的制冷剂又被冷冻机吸回，完成一个热力循环。由于制冷剂连续不断地循环，被冷却物的热量不断地被带走，从而获得低温，以此达到制冷的目的。

知识点 3 单级制冷系统与双级压缩制冷系统

（1）单级制冷系统 从蒸发压力到冷凝压力只通过一个压缩级实现的制冷系统称为单级压缩制冷系统。

（2）双级压缩制冷系统　从蒸发压力到冷凝压力通过两个压缩级进行压缩的制冷系统称为双级压缩制冷系统。双级压缩制冷系统的压缩过程分为高压级和低压级，分别由高压级和低压级两台压缩机完成，也可由一台带高低压缸的压缩机完成。这种系统采用低温制冷剂，如 R13、R14、R22 等，可获得 –65~–30℃的低温。

知识点 4　单级压缩制冷系统主要部件的作用

单级压缩制冷系统主要由压缩机、冷凝器、膨胀阀和蒸发器"四大件"组成。

主要部件在制冷系统中的作用是：

（1）压输机　压缩机是制冷系统的"心脏"，其作用是使制冷系统中的制冷剂建立压差而流动，以达到循环制冷的目的。

（2）冷凝器　制冷系统中的冷凝器又称为热交换器，制冷剂在冷凝器中于等压条件下完成相变，由气体变为液体，实现放热的目的。

（3）膨胀阀　膨胀阀在制冷系统的作用是使冷凝后的液体制冷剂节流降压，为制冷剂的蒸发创造条件。冷库制冷系统中的节流降压装置，一般为内平衡式膨胀阀。

（4）蒸发器　低压状态的制冷剂饱和蒸气在蒸发器中沸腾，吸收被冷却介质的热量，变为制冷剂饱和过热蒸气后被吸入压缩机进行再循环。

知识点 5　压缩比

压缩比是指在压缩过程中压缩机的排气绝对压力与进气绝对压力的比值。压缩比绝对值没有单位。rp（压缩比）$=p_2$（排气压力）$/p_1$（进气压力）。

为了取得较好的制冷效果，要求冷库制冷系统压缩机的压缩比小于 10。

知识点 6　制冷循环

将热量从低温热源中取出，并排放到高温热源中的热力循环，称为制冷循环。蒸气压缩制冷循环是通过制冷工质（也称为制冷剂）将热量从低温物体（如冷库等）移向高温物体（如大气环境）的循环过程，从而将物体冷却到低于环境温度，并维持此低温，这一过程是利用制冷装置来实现的。蒸气压缩式制冷循环由压缩过程、冷凝过程、膨胀过程和蒸发过程组成。利用制冷剂在封闭的制冷系统中，反复地将 4 个工作过程重复，不断在蒸发器处吸热汽化，对环境介质进行降温，借以达到制冷的目的。

知识点 7　节流与绝热节流

节流是指流体在流动过程中流经阀门、孔板或多孔堵塞物时，局部阻力的作用使流体压力降低的现象。因为在节流过程中流体（制冷剂）与外界没有热量交换，因此节流过程称为绝热节流或等焓节流。

知识点 8 节流原理

节流装置的工作原理是：如图 2-2 所示，当高压流体通过一小孔时，一部分静压力转变为动压力，流速急剧增大，成为湍流流动，流体发生扰动，其摩擦阻力增加，静压下降，使流体达到降压调节流量的目的。

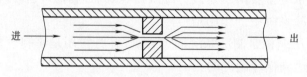

图 2-2 节流装置的工作原理

在节流过程中，由于流速高，工质来不及与外界进行热交换，且其因摩擦阻力而消耗极微小部分能量（压力），所以，把节流过程可以看作等焓节流。

知识点 9 制冷剂在蒸气压缩式循环中的变化过程

在制冷循环中制冷剂的状态变化过程可以分为 4 个阶段：

（1）制冷剂在制冷循环高压侧的状态变化 制冷系统中从压缩机出口经冷凝器到膨胀阀入口的这一段，称为高压侧。从压缩机出来的高温高压过热蒸气进入冷凝器，在等压的条件下冷凝，向周围环境介质散热，成为高压过冷液。

（2）制冷剂在制冷循环低压侧的状态变化 制冷系统中从膨胀阀出口经蒸发器到压缩机入口的这一段，称为低压侧。经膨胀阀节流后的低温低压制冷剂湿蒸气在蒸发器内在等压的条件下沸腾，吸收周围介质的热量，变为低温低压制冷剂干饱和蒸气。

（3）制冷剂在膨胀阀中的状态变化 高压过冷液体状态的制冷剂经膨胀阀等焓节流后，变成低温低压的制冷剂湿蒸气，湿蒸气进入蒸发器蒸发，吸收热量后，称为低温低压饱和蒸汽，被压缩机吸回进行再循环。

（4）制冷剂在压缩机中的状态变化 压缩机吸入来自蒸发器的低温低压饱和状态的制冷剂蒸气，经绝热（等熵）压缩后变成高温高压过热蒸气，排入冷凝器进行再循环。

知识点 10 制冷剂的压焓图

为了对蒸气压缩式制冷循环有一个全面的认识，不仅要知道循环中的每一过程，而且要了解各个过程之间的关系以及某一过程发生变化时对其他过程的影响。在制冷循环的分析和计算中，通常要借助压焓图，以使问题简单化，并直观看出制冷循环中制冷剂的状态变化以及对整个循环过程的影响，为此制作了图 2-3 所示的制冷剂压焓图。

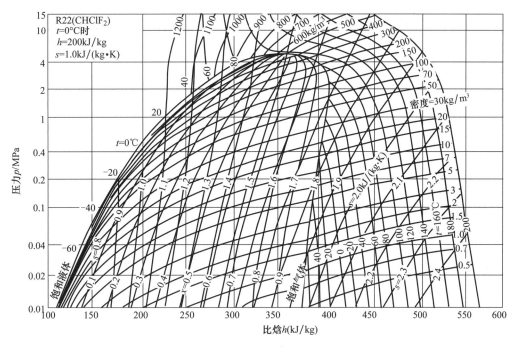

图 2-3 制冷剂压焓图

知识点 11 制冷剂压焓图上的等参数线

制冷剂压焓图是以压力为纵坐标，比焓为横坐标的直角坐标图，为了缩小图的尺寸，一般纵坐标以压力的对数值 $\lg p$ 来绘制，因此压焓图又称为 $\lg p\text{-}h$ 图。

制冷剂压焓图上的等参数线如下：

1）等压线：用 p 表示，是平行于横轴的水平线。

2）等焓线：用 h 表示，是平行于纵轴的垂直线。

3）等温线：用 t 表示，是竖直 - 水平 - 抛物线（虚线）。

4）等比容线：用 v 表示，是发散倾斜的曲线（点画线）。

5）等熵线：用 s 表示，是向右上方倾斜的曲线。

6）等干度线：用 x 表示，只存在于饱和区内。

7）饱和液线：用 $x = 0$ 表示，在这条线上，制冷剂总处于饱和液体状态。

8）饱和蒸气线：用 $x = 1$ 表示，在这条线上，制冷剂总处于饱和蒸气状态。

知识点 12 制冷剂压焓图上的 3 个区域

在制冷剂压焓图上，用饱和液线与饱和蒸气线将压焓图分成了 3 个区域。

饱和液线 $x = 0$ 与饱和蒸气线 $x = 1$ 的交点是临界点 k。由 k 点和 $x = 0$、$x = 1$ 两条曲线将整个图面分成 3 个区域：$x = 0$ 的左边区域称为过冷液区，$x = 1$ 的右边区域称为过热蒸气区，中间的区域为饱和湿蒸气区。

知识点 13　制冷循环过程在压焓图上的表示

制冷剂在制冷循环中的状态变化，在 $\lg p\text{-}h$ 图中表示出来更为直观。下面就以单级蒸气压缩制冷系统为例，应用 $\lg p\text{-}h$ 图，描述制冷剂在制冷循环中的状态变化，如图 2-4 所示。图 2-4 所示 $1 \rightarrow 2 \rightarrow 3 \rightarrow 4 \rightarrow 1$ 代表了制冷剂的一个制冷循环。

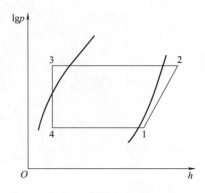

图 2-4　制冷剂在制冷循环中的状态变化

（1）压缩过程　用线段 $1 \rightarrow 2$ 表示。制冷剂在点 2 为低温低压过热蒸气，经压缩机压缩，温度升高，比体积减小，成为高温高压过热蒸气。线段 $1 \rightarrow 2$ 与等熵线重合，表明压缩过程是等熵的绝热过程。点 1 与点 2 的焓值差表明制冷剂在压缩过程中消耗外功，焓值增加，焓值的增量与所消耗的外功相等。

（2）冷凝过程　用线段 $2 \rightarrow 3$ 表示。制冷剂在这个过程中经过了 3 个不同区域，对应 3 段不同的温度。制冷剂在等压条件下，由高温高压过热蒸气，变为高压过冷液体。点 2 与点 3 之间的焓值差，就是制冷剂冷凝时放出的热量。

（3）节流过程　用线段 $3 \rightarrow 4$ 表示。此过程是等焓过程，制冷剂与外界没有交换热量，只是压力下降，温度降低，变为低压湿蒸气。

（4）蒸发过程　用线段 $4 \rightarrow 1$ 表示。制冷剂在等压条件下，吸收环境介质的热量，汽化为过热蒸气，然后再进行下一个循环。在这个过程中，制冷剂焓值是升高的，升高的焓值即是制冷剂吸收的热量。

知识点 14　利用压焓图计算制冷系统主要参数

利用压焓图计算制冷系统参数，如图 2-5 所示。

（1）单位质量制冷量　简称单位制冷量，即每千克质量的制冷剂在蒸发器中的制冷量，用 q_0 表示，单位为 kJ/kg。其计算式为

$$q_0 = h_1 - h_5$$

式中，h_1 为压缩机吸气时制冷剂比焓值；h_5 为节流前制冷剂比焓值。

（2）单位容积制冷量　压缩机每吸入 $1m^3$ 的制冷剂蒸气在蒸发器中的制冷量称为单位容积制冷量，用 q_v 表示，单位为 kJ/m^3。其计算式为

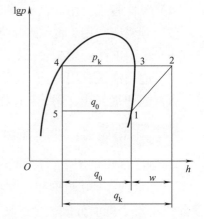

图 2-5　利用压焓图计算制冷系统参数

$$q_v = \frac{q_0}{v_1} = \frac{h_1 - h_5}{v_1}$$

式中，v_1 为压缩机吸气时制冷剂比体积值。

q_v 的数值与蒸发温度及节流前的温度有关。q_v 数值是一个重要的技术指标，当总的制冷量给定时，q_v 越大，表明所需压缩机的体积越小。

（3）单位理论压缩功　压缩机每压缩 1kg 制冷剂所消耗的功，用 w 表示，单位为 kJ/kg。其计算式为

$$w = h_2 - h_1$$

式中，h_2 为压缩机排气时制冷剂的比焓值；h_1 为节流前制冷剂的比焓值。

（4）单位冷凝器热负荷　每 1kg 制冷剂在冷凝器中放出的热量，用 q_k 表示，单位为 kJ/kg。其计算式为

$$q_k = h_2 - h_4$$

式中，h_4 为毛细管节流前液体比焓值。

（5）理论制冷系数　单位制冷量与单位耗功之比，用 ε 表示，其计算式为

$$\varepsilon = \frac{q_0}{W} = \frac{h_1 - h_5}{h_2 - h_1}$$

（6）每小时制冷剂的循环量　制冷系统中每小时制冷剂的循环量，用 G 表示，单位为 kg/h。其计算式为

$$G = Q_0 / q_0 = Q_0 / (h_1 - h_5)$$

式中，Q_0 为制冷系统每小时制冷量；q_0 为每千克质量的制冷剂在蒸发器中的制冷量。

显然，每小时制冷剂循环量越大，其制冷能力也就越大。

（7）压缩机的实际输气量 V_S　压缩机的实际输气量单位是 m³/h，一般按制冷剂吸气时的密度 ρ_1 计算，即

$$V_S = G / \rho_1$$

（8）压缩机的理论输气量 V_{th}　在已知压缩机的实际输气量 V_S 后，再根据压缩机输气系数 λ，即可得到压缩机的理论输气量 V_{th}，单位是 m³/h，即

$$V_{th} = V_S / \lambda$$

压缩机输气系数 λ，等于压缩机的实际输气量 V_S 与压缩机的理论输气量 V_{th} 之比。因为 V_S 总是小于 V_{th}，所以 λ 值永远小于 1。

压缩机输气系数 λ 值与压缩机余隙容积，吸气阀和排气阀阻力损失，吸气和排气过程，压缩机中制冷剂与气缸壁的换热，高低压之间的泄漏等因素有关。通常可根据 p_K / p_0 值，从实验数据表中查得，一般为 0.6~0.8。

（9）压缩机的理论功（AL）和理论功率（N_{th}）　根据循环的单位功和制冷剂循环量 G 得

$$AL=G\left(h_2-h_4\right)$$
$$N_{th}=AL/3600=G\left(h_2-h_4\right)/3600$$

式中，3600 为 1kW·h 的热功当量近似值，单位为 kJ。

（10）压缩机的指示功率 N_i　压缩机指示功率 N_i 计算式为

$$N_i = N_{ith}/\eta_i$$

式中，N_{ith} 为压缩机的理论功率。

（11）压缩机的轴功率 N_e　压缩机轴功率 N_e 计算式为

$$N_e= N_i/\eta_m = N_{th}/\eta_k$$

（12）冷凝器总热负荷 Q_k　冷凝器总热负荷计算式为

$$Q_k = Gq_k$$

知识点 15　标准工况与实际工况

（1）标准工况　标准工况是指制冷压缩机在特定工作温度条件下的运转工况。制冷设备制造厂在设备的铭牌上标出的制冷量一般都是指标准工况下的制冷量。

制冷压缩机的标准工况参数：工质（制冷剂）为 R12 或 R22，蒸发温度为 -15℃，吸气温度为 15℃，冷凝温度为 30℃，过冷温度为 25℃。

（2）实际工况　实际工况就是压缩机实际的工作参数，名义工况则是压缩机出厂测量时测试的参数。压缩机名义工况制冷量与实际工况制冷量之间的换算关系为：实际工况制冷量 = 名义工况制冷量 ×[（实际工况压缩机容积效率 × 实际工况制冷剂单位容积制冷量）/（名义工况压缩机容积效率 × 名义工况制冷剂单位容积制冷量）]。

二、练习题

1. 制冷剂的压焓图是以（　　　）工质为基准绘制的图线。

A. 1kg　　　　　　B. 2kg　　　　　　C. 0.1kg　　　　　　D. 0.2kg

2. 压焓图又称为 $\lg p\text{-}h$ 图，它以（　　　）为横坐标。

A. 比体积　　　　　B. 压力　　　　　C. 焓值　　　　　D. 温度

3. $\lg p\text{-}h$ 图纵坐标为（　　　），横坐标为焓值。

A. 对数值压力　　　B. 指数值压力　　C. 函数值压力　　D. 算术值压力

4. $\lg p\text{-}h$ 图纵坐标采用（　　　）作图，其目的是提高低压区的精度。

A. 指数　　　　　　B. 幂数　　　　　C. 函数　　　　　D. 对数

5. $\lg p\text{-}h$ 图上有 6 条参数线，其中基本参数有 3 个，分别是（　　　）。

A. 温度、压力、比体积　　　　　　　B. 温度、熵、比体积

C. 比体积、压力、焓　　　　　　　　D. 温度、熵、焓

6. $\lg p\text{-}h$ 图中，有（　　　）个区域。

A. 2　　　　　　　B. 3　　　　　　　C. 4　　　　　　　D. 6

7. lg$p$-h 图在饱和区中，等温度线与等压线（　　）。

A. 重叠　　　　　　　B. 相交　　　　　　　C. 平行　　　　　　　D. 交叉

8. 在状态变化中，工质的焓值（　　）的过程称为等焓过程。

A. 随温而变　　　　　B. 随压而变　　　　　C. 保持不变　　　　　D. 随机变化

9. 等焓过程是指（　　）在状态变化过程中，焓值始终保持不变。

A. 制冷剂　　　　　　B. 冷却水　　　　　　C. 冷媒水　　　　　　D. 冷冻润滑油

10. 在状态变化中，工质的熵值（　　）称为等熵过程。

A. 随压而变　　　　　B. 随温而变　　　　　C. 随机而变　　　　　D. 保持不变

11. 理想的（　　）就是一个等熵过程。

A. 绝热压缩过程　　　　　　　　　　　　　B. 绝热节流过程

C. 绝热膨胀过程　　　　　　　　　　　　　D. 绝热汽化过程

12. 等熵过程是指（　　）在流动过程中，熵值保持不变。

A. 冷媒水　　　　　　B. 冷却水　　　　　　C. 冷冻油　　　　　　D. 制冷剂

13. 制冷循环过程，在 lg$p$-h 图上可以用（　　）条线段来表示。

A. 2　　　　　　　　　B. 3　　　　　　　　　C. 4　　　　　　　　　D. 6

14. 在实际循环中制冷剂冷凝过程在 lg$p$-h 图上先后穿越了（　　）。

A. 过热区、饱和区、过冷区　　　　　　　　B. 饱和区、过热区、过冷区

C. 湿蒸气区、干蒸气区、过冷液体区　　　　D. 干蒸气区、过冷液体区、湿蒸气区

15. 在单级压缩制冷循环中，制冷剂的吸热过程依次发生在 lg$p$-h 图的（　　）。

A. 过热区和饱和区　　　　　　　　　　　　B. 饱和区和过冷区

C. 过冷区和过热区　　　　　　　　　　　　D. 饱和区和过热区

16. 在 lg$p$-h 图中，制冷压缩机吸气时，制冷剂的状态由（　　）确定。

A. 蒸发温度和蒸发压力　　　　　　　　　　B. 蒸发压力和吸气温度

C. 蒸发温度和熵值　　　　　　　　　　　　D. 比体积值和焓值

17. 在 lg$p$-h 图中，制冷压缩机排气时，制冷剂的状态由（　　）确定。

A. 冷凝压力和熵值　　　　　　　　　　　　B. 冷凝温度和熵值

C. 冷凝压力和比体积值　　　　　　　　　　D. 冷凝温度和干度值

18. 在 lg$p$-h 图中，节流时制冷剂的状态由（　　）确定。

A. 冷凝压力和冷凝温度　　　　　　　　　　B. 蒸发压力和蒸发温度

C. 冷凝压力和过冷温度　　　　　　　　　　D. 蒸发压力和过冷温度

19. 在 lg$p$-h 图中，绝热压缩过程是沿（　　）进行的。

A. 等焓线　　　　　　B. 等熵线　　　　　　C. 等温度线　　　　　D. 等干度线

20. 在 lg$p$-h 图中，冷凝过程是沿（　　）进行的。

A. 等焓线　　　　　　B. 等熵线　　　　　　C. 等压力线　　　　　D. 等温度线

21. 在 lg$p$-h 图中，节流过程是沿（　　）进行的。

A. 等焓线　　　　　B. 等熵线　　　　　C. 等压力线　　　　D. 等温度线

22. 制冷系数的计算公式为（　　　）。

A. $\varepsilon=(h_1-h_3)/(h_2-h_1)$　　　　　　　B. $\varepsilon=AL/q_0$

C. $\varepsilon=(h_3-h_1)/(h_1-h_2)$　　　　　　　D. $\varepsilon=(h_1-h_4)/(h_2-h_1)$

23. 制冷剂在饱和区，其干度从 $x=1$ 变化到 $x=0$，它的温度（　　　）。

A. 逐渐升高　　　　B. 逐渐降低　　　　C. 时高时低　　　　D. 维持不变

24. 全部由可逆（　　　）组成的循环称为可逆循环。

A. 过程　　　　　　B. 方法　　　　　　C. 机械　　　　　　D. 部件

25. 可逆循环是一个不存在（　　　）的循环。

A. 任何热量损失　　　　　　　　　　　B. 任何机械损失

C. 任何能量损失　　　　　　　　　　　D. 任何外部能耗

26. 一切可逆循环都是（　　　）循环。

A. 理论　　　　　　B. 设计　　　　　　C. 实际　　　　　　D. 理想

27. 由两个（　　　）与两个绝热过程组成的循环称为卡诺循环。

A. 等温过程　　　　B. 等压过程　　　　C. 等熵过程　　　　D. 等焓过程

28. 工质按卡诺循环相同的路线而进行（　　　）的循环，称为逆卡诺循环。

A. 方向相同　　　　B. 方向相反　　　　C. 方向倾斜　　　　D. 方向垂直

29. 逆卡诺循环包括了理想热机循环和（　　　）。

A. 理想热泵循环　　　　　　　　　　　B. 理想实际循环

C. 理想绝热循环　　　　　　　　　　　D. 理想理论循环

30. 在 $\lg p\text{-}h$ 图中，制冷压缩机吸气时的状态点一般用（　　　）表示。

A. 1　　　　　　　　B. 2　　　　　　　　C. 3　　　　　　　　D. 4

31. 在 $\lg p\text{-}h$ 图中，线段 1-2 表示（　　　）。

A. 节流过程　　　　B. 冷却过程　　　　C. 蒸发过程　　　　D. 压缩过程

32. 蒸气压缩式理论循环是以（　　　）为主体，并按假设条件所进行的热力
循环。

A. 1 个大部件　　　B. 2 个大部件　　　C. 3 个大部件　　　D. 6 个大部件

33. 蒸气压缩式实际制冷循环是考虑了（　　　）。

A. 4 项损失　　　　B. 6 项损失　　　　C. 5 项损失　　　　D. 3 项损失

34. 蒸气压缩式理论循环的压缩过程是（　　　）过程。

A. 等干度　　　　　B. 等比体积　　　　C. 等焓　　　　　　D. 等熵

35. 将节流前的液体制冷剂温度冷却到低于其饱和温度的循环称为（　　　）。

A. 理论循环　　　　B. 实际循环　　　　C. 过冷循环　　　　D. 过热循环

36. 将压缩前的气体制冷剂温度加热到高于其饱和温度的循环称为（　　　）。

A. 理论循环　　　　B. 实际循环　　　　C. 过冷循环　　　　D. 过热循环

37. 将节流前的液体制冷剂与低温蒸气在热交换器中进行热交换的循环称为（　　　）。

A. 过热循环　　　　　B. 过冷循环　　　　　C. 回热循环　　　　　D. 饱和循环

38. 将节流前的（　　　）与低温蒸气在热交换器中进行热交换的循环称为回热循环。

A. 液体制冷剂　　　　　　　　　　　B. 气体制冷剂

C. 湿蒸气制冷剂　　　　　　　　　　D. 干蒸气制冷剂

39. （　　　）是指将液体制冷剂冷却到低于相应压力下饱和温度的过程。

A. 过热　　　　　B. 过冷　　　　　C. 饱和　　　　　D. 干度

40. 饱和温度与过冷液体温度（　　　）称为过冷度。

A. 之和　　　　　B. 之比　　　　　C. 之差　　　　　D. 之积

41. 将制冷剂蒸气加热到（　　　）的过程，称为过热。

A. 等于相应压力下临界温度　　　　　B. 等于相应压力下饱和温度

C. 高于相应压力下临界温度　　　　　D. 高于相应压力下饱和温度

42. 过冷度是指制冷剂饱和液体的温度与过冷液体温度（　　　）。

A. 之积　　　　　B. 之和　　　　　C. 之差　　　　　D. 之比

43. 小型冷藏库的氟利昂制冷系统部件排列顺序是（　　　）。

A. 制冷压缩机、冷凝器、干燥过滤器、膨胀阀、储液器、蒸发器

B. 制冷压缩机、冷凝器、膨胀阀、储液器、干燥过滤器、蒸发器

C. 制冷压缩机、蒸发器、储液器、膨胀阀、干燥过滤器、冷凝器

D. 制冷压缩机、冷凝器、储液器、干燥过滤器、膨胀阀、蒸发器

44. 单级蒸气压缩系统制冷循环的 4 个过程依次是（　　　）。

A. 压缩、蒸发、节流、冷凝　　　　　B. 压缩、冷凝、蒸发、节流

C. 压缩、冷凝、节流、蒸发　　　　　D. 压缩、节流、冷凝、蒸发

45. 单级蒸气压缩系统的制冷循环经过（　　　）过程完成制冷循环。

A. 1 个工作　　　　B. 2 个工作　　　　C. 3 个工作　　　　D. 4 个工作

46. 冷凝器释放出的热量等于蒸发器吸收的热量与制冷压缩机所消耗（　　　）的热工当量之和。

A. 摩擦功　　　　　B. 压缩功　　　　　C. 指示功率　　　　　D. 理论功率

47. 理想制冷循环的吸热、放热过程是在（　　　）条件下进行的。

A. 等焓　　　　　B. 等熵　　　　　C. 等压　　　　　D. 等温

48. 制冷剂在蒸发器中吸收的热量（　　　）制冷剂在冷凝器中放出的热量。

A. 小于　　　　　B. 大于　　　　　C. 等于　　　　　D. 约为

49. 在一定压力下，制冷剂（　　　）称为蒸发温度。

A. 沸腾时的温度　　　　　　　　　　B. 冷却时的温度

C. 冷凝时的温度　　　　　　　　　　D. 液化时的温度

50. 制冷系统工作时与蒸发温度对应的压力称为（　　　）。

A. 冷凝压力　　　　B. 蒸发压力　　　　C. 汽化压力　　　　D. 冷却压力

51. 某种制冷剂蒸发时，其蒸发温度与蒸发压力是（　　　）。

A. 正比关系　　　　B. 反比关系　　　　C. 从属关系　　　　D. 对应关系

52. 某种制冷剂在冷却时，冷凝温度与冷凝压力是（　　　）。

A. 对应关系　　　　B. 反比关系　　　　C. 连带关系　　　　D. 正比关系

53. 制冷剂在饱和状态下冷却时的压力称为（　　　）。

A. 冷却压力　　　　B. 冷凝压力　　　　C. 液化压力　　　　D. 汽化压力

54. 制冷系数是指制冷循环中产生的制冷量与所消耗功量（　　　）。

A. 之和　　　　　　B. 之差　　　　　　C. 之积　　　　　　D. 之比

55. 单位质量制冷量与（　　　）之比称为制冷系数。

A. 单位功耗　　　　B. 单位电耗　　　　C. 单位能耗　　　　D. 单位热耗

56. 制冷循环中，制冷剂由高温过热蒸气变为高压过冷液体是在（　　　）中完成的。

A. 压缩机　　　　　B. 膨胀阀　　　　　C. 冷凝器　　　　　D. 蒸发器

57. 制冷剂在冷凝器中的状态变化过程，是在（　　　）条件下进行的。

A. 等压　　　　　　B. 等温　　　　　　C. 升压　　　　　　D. 降压

58. 将制冷剂蒸气压缩过程分成（　　　）进行的制冷循环，称为双级压缩制冷循环。

A. 两个阶段　　　　B. 两个系统　　　　C. 两个部分　　　　D. 两个机组

59. 双级压缩制冷循环是将来自蒸发器的制冷剂低压蒸气先在（　　　）压缩到中间压力。

A. 高压压缩机中　　　　　　　　　　B. 低压压缩机中

C. 风冷冷凝器中　　　　　　　　　　D. 中间冷凝器中

60. 来自低压级制冷压缩机排出的蒸气与来自中间冷却器中的蒸气混合后，被送入（　　　）。

A. 冷凝器　　　　　B. 蒸发器　　　　　C. 低压压缩机　　　D. 高压压缩机

61. 采用双级压缩制冷系统是为了（　　　）。

A. 降低压缩比　　　　　　　　　　　B. 降低蒸发压力

C. 降低冷凝压力　　　　　　　　　　D. 降低冷凝温度

62. 选择双级压缩制冷循环的原因是（　　　）。

A. 高压过高　　　　B. 低压过低　　　　C. 压缩比过大　　　D. 压缩比过小

63. 选择双级压缩制冷循环后，其总压缩比等于（　　　）。

A. 低压级与高压级压缩比之和　　　　B. 低压级与高压级压缩比之差

C. 低压级与高压级压缩比之比　　　　D. 低压级与高压级压缩比之积

64. 双级压缩制冷系统，一般可以得到（　　　）范围的蒸发温度。

A. –20~–10℃　　　B. –40~–20℃　　　C. –65~–30℃　　　D. –80~–50℃

65. 单级压缩制冷系统的蒸发温度低于 –50℃，可选择（　　　）制冷系统。

A. 双级压缩　　　B. 吸收式　　　C. 半导体　　　D. 复叠式

66. 在 lg$p$-h 图中，一次节流中间完全冷却双级压缩低压级的排气压力就是（　　　）。

A. 系统的中间压力　　　　　　　　B. 系统的蒸发压力

C. 系统的冷凝压力　　　　　　　　D. 系统的最终压力

67. 在 lg$p$-h 图中，一次节流中间完全冷却双级压缩低压级的排气压力用（　　　）表示。

A. p_0　　　　B. p_k　　　　C. p_m　　　　D. p'

68. 双级压缩制冷系统，在 lg$p$-h 图中的 p_m 既是低压级的（　　　）又是高压级的吸气压力。

A. 蒸发压力　　　B. 排气压力　　　C. 冷凝压力　　　D. 吸气压力

69. 采用氟利昂作为制冷剂的双级压缩制冷系统，一般采用一级节流中间（　　　）形式。

A. 完全冷却　　　B. 不完全冷却　　　C. 基本冷却　　　D. 基本不冷却

70. 采用氨作为制冷剂的双级压缩制冷系统，低压级排出的过热蒸气在中间冷凝器中（　　　）。

A. 冷却成过冷液体　　　　　　　　B. 冷却成饱和液体

C. 冷却成过热蒸气　　　　　　　　D. 冷却成饱和蒸气

71. 双级压缩制冷系统的中间冷却方式有（　　　）。

A. 一种　　　　B. 二种　　　　C. 一次　　　　D. 二次

72. 氨双级压缩制冷系统，一般采取（　　　）。

A. 一级节流中间完全冷却方式　　　　B. 一级节流中间不完全冷却方式

C. 多级节流中间完全冷却方式　　　　D. 多级节流中间不完全冷却方式

73. 采用双级压缩制冷系统的优点是（　　　）。

A. 减小压缩比　　　　　　　　　　B. 增加压缩比

C. 恢复压缩比　　　　　　　　　　D. 调整压缩比

74. 采用双级压缩制冷系统，可以（　　　），提高系统的效率。

A. 稳定压缩比　　　　　　　　　　B. 冷却润滑油

C. 增加吸气量　　　　　　　　　　D. 减小排气量

75. 采用双级压缩制冷系统，可以使（　　　）。

A. 制冷压缩机工作效率降低　　　　B. 制冷压缩机工作条件恶化

C. 制冷压缩机的吸气量减少　　　　D. 制冷压缩机排气温度降低

76. 确定双级压缩中间压力的原则是（　　）。

A. 使制冷压缩机的排气温度最低　　　　B. 使制冷压缩机的润滑效果改善

C. 使制冷系统的制冷系数最大　　　　　D. 使制冷系统的压缩比得以改善

77. 双级压缩中间压力值的确定，应考虑（　　）。

A. 使制冷压缩机的吸气比体积为最佳　　B. 使制冷压缩机的排气温度最低

C. 使制冷系统的压缩比得以改善　　　　D. 使制冷压缩机的润滑效果改善

78. 氨双级压缩系统的容积比在 1:2 时，中间压力值一般为（　　）表压。

A. 0.2MPa　　　　　B. 0.25MPa　　　　　C. 0.3MPa　　　　　D. 0.35MPa

79. 双级制冷压缩机中间压力的选择随（　　）而升高。

A. 冷凝压力的升高　　　　　　　　　　B. 冷凝温度的升高

C. 蒸发压力的降低　　　　　　　　　　D. 蒸发温度的降低

80. 双级压缩制冷系统在运行中，由于（　　）会造成中间压力的降低。

A. 冷凝压力的升高　　　　　　　　　　B. 蒸发压力的降低

C. 冷凝温度的降低　　　　　　　　　　D. 蒸发温度的降低

81. 单级压缩制冷循环中压缩比增大，使制冷压缩机的（　　）升高，引起制冷压缩机润滑条件恶化。

A. 中间温度　　　　　B. 蒸发温度　　　　　C. 排气温度　　　　　D. 吸气温度

82. 双级压缩制冷系统，高、低压级的制冷压缩机（　　）一般为 1:2 或 1:3。

A. 容积比　　　　　B. 压力比　　　　　C. 速度比　　　　　D. 体积比

83. 双级压缩制冷系统，在配置单机输气量相同的高、低压级制冷压缩机时，多采用（　　）。

A. 一台高压级制冷压缩机，一台低压级制冷压缩机

B. 两台高压级制冷压缩机，一台低压级制冷压缩机

C. 两台低压级制冷压缩机，一台高压级制冷压缩机

D. 两台高压级制冷压缩机，三台低压级制冷压缩机

84. 氟利昂双级压缩制冷系统，可采用一级节流中间（　　）冷却系统。

A. 不完全　　　　　B. 完全　　　　　C. 彻底　　　　　D. 不彻底

三、参考答案

1. A	2. C	3. A	4. D	5. A	6. B	7. C	8. C
9. A	10. D	11. A	12. D	13. C	14. A	15. D	16. B
17. A	18. D	19. B	20. C	21. A	22. D	23. D	24. A
25. C	26. D	27. A	28. B	29. A	30. A	31. A	32. C
33. A	34. D	35. C	36. D	37. C	38. A	39. B	40. C
41. D	42. C	43. D	44. C	45. D	46. B	47. C	48. A

49. A	50. B	51. D	52. A	53. B	54. D	55. A	56. C
57. A	58. A	59. B	60. D	61. A	62. C	63. D	64. C
65. A	66. A	67. C	68. B	69. B	70. D	71. B	72. A
73. A	74. C	75. D	76. C	77. C	78. B	79. A	80. B
81. C	82. A	83. C	84. A				

理论模块 5　制冷系统运行操作知识

一、核心知识点

知识点 1　运行管理交接班制度

由于制冷系统是一个需要连续运行的系统，因此，交接班制度是保障制冷系统安全运行的一项重要措施。制冷系统交接班制度要求如下：

1）接班人员应按时到岗。若接班人员因故没能准时接班，交班人员不得离开工作岗位，应向主管领导汇报，有人接班后方可离开。

2）交班人员应如实地向接班人员说明以下内容：

① 设备运行情况。

② 各系统的运行参数。

③ 冷、热源的供应和电力供应情况。

④ 当班运行中所发生的异常情况的原因及处理结果。

⑤ 制冷系统中有关设备、供水管路及各种调节器、执行器、各仪器仪表的运行情况。

⑥ 运行中遗留的问题，需要下一班次处理的事项。

⑦ 上级的有关指示，生产调度情况等。

3）值班人员在交班时若有需要及时处理或正在处理的运行事故，必须在事故处理结束后方可交班。

4）接班人员在接班时除应向交班人员了解系统运行的各参数外，应将交班中的疑点问题弄清楚，方可接班。

5）如果接班人员没有进行认真的检查和询问了解情况而盲目地接班后，发现上一班次出现的所有问题（包括事故）均应由接班者负全部责任。

知识点 2　制冷系统启动前的准备工作

制冷系统启动前的准备工作主要有以下工作内容：

1）检查压缩机曲轴箱的油位是否符合要求，油质是否清洁。

2）通过储液器的液面指示器观察制冷剂的液位是否正常，一般要求液面高度在视液镜的 1/3~2/3 处。

3）开启压缩机的排气阀及高、低压系统中的有关阀门，但压缩机的吸气阀和储液器上的出液阀可先暂不开启。

4）检查制冷压缩机组周围及运转部件附近有无妨碍运转的因素或障碍物。对于开启式压缩机，可用手盘动联轴器数圈，检查有无异常。

5）对于具有手动卸载—能量调节机构的压缩机，应将能量调节阀的控制手柄放在最小能量位置。

6）接通电源，检查电源电压是否正常。

7）开启冷却水泵（冷凝器冷却水、气缸冷却水、润滑油冷却水等）。对于风冷式制冷机组，开启风机运行。

8）调整压缩机高、低压力继电器及温度控制器的设定值，使其指示值在所要求的范围内。压力继电器的压力设定值应根据系统所使用的制冷剂、运转工况和冷却方式而定，一般在使用 R12 为制冷剂时，高压设定范围为 1.3~1.5MPa；使用 R22 为制冷剂时，高压设定范围为 1.5~1.7MPa。

知识点 3 制冷系统启动的操作程序

制冷系统启动的操作程序如下：

1）启动准备工作结束后，向压缩机电动机瞬时通、断电，使压缩机点动运行 2、3 次，观察压缩机电动机启动状态和转向，确认正常后，重新合闸正式启动压缩机。

2）压缩机正式启动后逐渐开启吸气阀，注意防止出现"液击"现象。

3）同时缓慢打开储液器的出液阀，向系统供液，待压缩机启动过程完毕，运行正常后将出液阀开至最大。

4）对于没有手动卸载—能量调节机构的压缩机，待压缩机运行稳定后，应逐步调节卸载—能量调节机构，即每隔 15min 左右转换一个档位，直至达到所要求的档位为止。

5）在压缩机启动过程中应注意观察压缩机运转时的振动情况是否正常；系统的高低压及油压是否正常；电磁阀、自动卸载—能量调节阀、膨胀阀等工作是否正常等。待这些项目都正常后，启动工作结束。

知识点 4 压缩机开机后的巡视内容

为确保制冷压缩机安全运行，待其开机运行后应注意巡视、观察，若发现不正常现象，应及时予以纠正。

1）检查回油情况和冷冻润滑油的清洁度，冷冻润滑油面在压缩机视镜的 1/4~3/4 为正常；如果发现冷冻润滑油脏应及时换油；冷冻润滑油面在视镜 1/4 以下时，要及时予以补充。

2）注意吸排气压力的变化，刚开机时吸排气压力都比较高，随着运行时间的增长，库温或被冷却物质的温度下降，吸排气压力也会逐渐降低。

3）检查制冷剂的充注量是否合适。制冷剂充注量合适时，制冷剂气泡从管路上的视液镜消失后再充注 10%，如发现视液镜有气泡产生，需再补充制冷剂。

4）补充制冷剂时，应以气态形式从压缩机吸气阀接口处进行补充，要一直补充到视液镜中的气泡消失为止。

知识点 5 制冷系统运行正常后的调整工作

制冷系统运行正常后，需要做的调整工作如下：

1）制冷系统运行正常后需要调整高、低压压力继电器的控制参数。对于风冷式机组，高压压力继电器的工作参数控制在 2.0MPa；对于水冷式机组，高压压力继电器的工作参数控制在 1.8MPa；对低压压力继电器的工作参数，则按蒸发温度的高低而定。

2）调整温度控制器，确定低温温度范围，使压缩机在控制温度下运行。

3）系统管路保温。管路保温是由蒸发器出口至压缩机吸气阀（如带有气液分离器的系统，包括气液分离器）进行保温。如果是高温库或其他高于 –10℃的制冷设备，可将供液管和吸气管并在一起进行保温。

知识点 6 活塞式制冷压缩机运行中的管理

活塞式制冷压缩机运行中要做的管理工作内容如下：

1）在运行过程中压缩机的运转声音是否正常，如发现不正常，应查明原因，及时处理。

2）在运行过程中，如发现气缸有冲击声，则说明有液态制冷剂进入压缩机的吸气腔，此时应将能量调节机构置于空档位置，并立即关闭吸气阀，待吸入口的霜层溶化后，使压缩机运行 5~10min，再缓慢打开吸气阀，调整至压缩机吸气腔无液体吸入且吸气管底部有结露状态时，可将吸气阀全部打开。

3）运行中应注意监测压缩机的排气压力和排气温度，对于使用 R12 或 R22 的制冷压缩机，其排气温度不应超过 130℃或 145℃。

4）运行中，压缩机的吸气温度一般应控制在比蒸发温度高 5~15℃的范围内。

5）压缩机在运转中各摩擦部件温度不得超过 70℃，如果发现其温度急剧升高或局部过热，则应立即停机进行检查处理。

6）随时检测曲轴箱中的油位、油温。若发现异常情况，应及时采取处理措施。

7）压缩机运行中冷冻润滑油的补充。活塞式制冷压缩机在运行过程中，虽然大部分随排气被带走的冷冻润滑油，在油气分离器的作用下，会回到压缩机，但仍有一部分会随制冷剂的流动而进入整个系统，造成曲轴箱内冷冻润滑油减少，影响压缩机润滑系统的正常工作。因此，在运行中应注意观测油位的变化，随时进行补充。

知识点 7　制冷系统运行时冷冻润滑油的补充

当看到压缩机曲轴箱中的油位低于油面指示器的下限时，可采用手动回油方法，观察油位能否回到正常位置。若仍不能回到正常位置，则应进行补充冷冻润滑油的工作。补油时应使用与压缩机曲轴箱中的冷冻润滑油同标号、同牌号的冷冻润滑油。加油时，将加氟管一端拧紧在曲轴箱上端的加油阀上，另一端用手捏住管口放入盛有冷冻润滑油的容器中。将压缩机的吸气阀关闭，待其吸气压力降低到 0 时（表压），同时打开加油阀，并松开捏紧加油管的手，冷冻润滑油即可被吸入曲轴箱中，待从视液镜中观测油位达到要求后，关闭加油阀，然后缓慢打开吸气阀，使制冷系统逐渐恢复正常运行。

知识点 8　制冷系统"排空"处理

制冷系统运行时会因各种原因使空气混入系统中，导致压缩机的排气压力和排气温度升高，造成系统能耗的增加，甚至造成系统运行事故。因此，应在运行中及时排除系统中的空气。

制冷系统中混有空气的特征为压缩机在运行过程中高压压力表的表针出现剧烈摆动，排气压力和排气温度都明显高于正常运行时的参数值。

对于氟利昂制冷系统，由于氟利昂制冷剂的密度大于空气的密度，因此，当氟利昂制冷系统中有空气存在时，一般会聚集在储液器或冷凝器的上部。所以，氟利昂制冷系统的"排空"操作可按下述步骤进行。

1）关闭储液器或冷凝器的出液阀（事先应将电气控制系统中的压力继电器短路，以防止它的动作导致压缩机无法运行），使压缩机继续运行，将系统中的制冷剂全部收集到储液器或冷凝器中，在这一过程中让冷却水系统继续工作，将气态制冷剂冷却成为液态制冷剂。当压缩机的低压运行压力达到 0（表压）时，停止压缩机运行。

2）在系统停机约 1h 后，拧松压缩机排气阀的旁通孔的螺塞，调节排气阀至三通状态，使系统中的空气从旁通孔逸出。若在储液器或冷凝器的上部设有排气阀，可直接将排气阀打开进行"排空"。在放气过程中可将手背放在气流出口，感觉一下排气温度。若感觉到气体较热或为正常温度，则说明排出的基本上是空气；若感觉排出的气体较凉，则说明排出的是制冷剂，此时应立即关闭排气阀口，排气工作可基本告一段落。

3）为检验"排空"效果，可在"排空"工作告一段落后，恢复制冷系统运行（同时将压力继电器电路恢复正常）后，再观察一下运行状态。若高压压力表指针不再出现剧烈摆动，冷凝压力和冷凝温度在正常值范围内，可认为"排空"工作已达到目的。若还是有空气存在的现象，就应继续进行"排空"工作。

知识点 9　膨胀阀开度的调整

制冷系统蒸发温度和压力调节的目的是满足制冷系统运行时的参数要求。

蒸发温度和蒸发压力的调节是通过调节膨胀阀，控制进入蒸发器中的液体制冷剂流量实现的。

（1）膨胀阀开度过小　如果膨胀阀开度过小，就会造成液体制冷剂供液量的不足，则蒸发温度和压力下降。同时由于供液量的不足，蒸发器上部空出部分蒸发空间，该部分空间面积将会成为蒸发气体的加热器，使气体过热，从而使压缩机的吸、排气温度升高。

（2）膨胀阀开度过大　如果膨胀阀开度过大，则制冷系统的供液量过多，使蒸发器内充满制冷剂液体，则蒸发压力和温度都升高，压缩机还可能发生液击故障。

因此，在小型制冷系统运行中，恰当和随时调节蒸发器的蒸发温度和压力是保证系统正常运行，满足小型冷藏库制冷系统运行所需，经济合理的重要措施之一。

知识点 10　冷凝温度和压力的调节

在制冷系统运行中一般应避免冷凝压力和温度过高，因为过高的冷凝压力和冷凝温度，不但会降低系统的制冷量，还会消耗过多的电能。在日常运行中制冷系统运行常采用降低冷凝温度和压力来提高系统的制冷量，降低压缩机的功耗。

在实际中小型制冷系统运行管理中，可采用增加冷却水量或降低冷却水温，或同时增加冷却水量且降低冷却水温的方法来实现制冷系统运行中冷凝温度和压力的降低。

在制冷系统运行中，冷凝温度一般并不是直接用温度计测量出来的，而是通过冷凝器上的压力表读数得来的，其运行参数可从压缩机运行特性曲线图表中查出。

知识点 11　压缩机运行时的吸气温度

压缩机的吸气温度一般从吸气阀前的温度计读出，它稍高于蒸发温度。吸气温度的变化主要与制冷系统中节流阀的开启大小及制冷剂循环量的多少有关，另外吸气管路的过长和保温效果较差也是吸气温度变化的一个因素。

制冷剂在一定压力下蒸发吸收热量而成为干饱和制冷剂蒸气，在压缩机的作用下，干饱和制冷剂蒸气沿吸气管路变成过热制冷剂蒸气后进入压缩机。

对压缩机而言，吸入干饱和蒸气是最为有利的，效率最高。但在实际的运行中，为了保证压缩机的安全运行，防止压缩机出现"液击"故障和增加吸气管路保温层使造价过高，一般要求吸气温度的过热度在3~5℃范围内较为合适。吸气温度过低说明液态制冷剂在蒸发器中汽化不充分，进入压缩机的湿蒸气就有造成液压缩的可能。

第二部分

知识点 12　压缩机排气温度的调节

在制冷系统运行中，制冷压缩机的排气温度与系统的吸气温度、冷凝温度、蒸发温度及制冷剂的性质有关。在冷凝温度一定时，蒸发温度越低，蒸发压力也越低，制冷压缩比 p_k/p_0 就越大，则排气温度就越高；若蒸发温度一定时，冷凝温度越高，其压缩比也越大，排气温度也越高；若蒸发温度与冷凝温度均保持不变，则因使用的制冷剂性质不同，其排气温度也不同。

各种型号的活塞式制冷压缩机，为了保证运行的安全、可靠，都规定了各自的最高排气温度和压缩比。制冷系统使用的活塞式制冷压缩机的排气温度不超过 130~145℃，当无资料可查时，活塞式压缩机的排气温度可按下式计算（t_0、t_k 计算时只取其绝对值）

$$t_p = (t_0 + t_k) \times 2.4℃$$

式中，t_0 为蒸发温度，t_k 为冷凝温度。

活塞式制冷机组在运行中，如果排气温度太高，会给压缩机带来不良的后果，如耗油量增加。当排气温度接近冷冻润滑油的闪点时，将会使润滑油发生炭化，形成固体状而混入制冷系统中，造成压缩机的吸、排气阀关闭不严密，直接影响压缩机的正常工作状态。同时，也会使压缩机的零部件在高温状态下疲劳，加速老化，缩短其使用寿命。

知识点 13　压缩机过冷温度的调节

在制冷系统的运行中，为提高制冷循环的经济性和制冷剂的制冷系数，同时有利于制冷系统的稳定运行，使进入制冷压缩机吸气腔的低压蒸气进行过热，可以防止进入压缩机气缸中的低压蒸气携带液滴，避免"液击"现象的产生。通过换热器后制冷剂液体的过冷度与进入蒸发器的低温低压制冷剂气体的温度和蒸气量有直接关系，而经过蒸发器后进入压缩机中气体的过热度取决于通过蒸发器管道中的液态制冷剂的温度和液体量。因此，可用减小蒸发器的液体制冷剂与气态制冷剂之间的温差来满足液态的过冷度和气态的过热度的要求。

知识点 14　压缩机液击的处理

在制冷系统运行中，活塞式制冷压缩机在运行中发生液击现象是因为大量制冷剂的液体进入气缸形成的。若不及时进行调整，将会导致压缩机毁坏。

活塞式制冷压缩机正常运行时发出轻而均匀的声音，而发生液击现象时，其声音将会变得沉重且不均匀。

制冷压缩机在运行中发生液击现象，调节方法是立即关闭制冷系统中的供液阀，关小压缩机的吸气阀。如果此时液击现象不能消除，可关闭压缩机的吸气阀，待压缩机排气温度上升，可再打开压缩机吸气阀，但必须注意运转声音与排气温度。

若在系统的回气管中存有液体制冷剂，可采用压缩机间歇运行的办法来处理，同时注意吸气阀的开度大小，以避免"液击"的发生，使回气管道中的制冷剂液体不断汽化，以致最后完全排除。当排气温度达 70℃以上后，再缓慢地、时开时停压缩机吸气阀，恢复压缩机的正常运行。

若在处理液击现象的过程中，压缩机的油压和油温明显降低，使润滑油的黏度变大，润滑条件恶化，为避免压缩机机件的严重磨损，一般可采取加大曲轴箱中油冷却器内水的流量和温度，使进入曲轴箱的液态制冷剂迅速汽化，提高曲轴箱内油的温度，防止油冷却器管组的冻裂。

知识点 15　制冷系统负压停机法

当制冷装置温度达到设定值时，通过关闭制冷剂供应电磁阀，切断向蒸发器供应制冷剂的通道，使制冷机组处于抽真空状态，形成系统低压压力低于高低压控制器的低压设定值，使制冷机组停止运转。这种控制方式就称为制冷系统负压停机法。

（1）负压停机法的控制　当冷库库温低于设定值时，温度传感器得到信号，通过温度传感器来控制电磁阀关闭。这是由于关闭了电磁阀，制冷系统形成了抽真空工作状态，当系统内的压力低于压力继电器低压压力设定值时，低压压力继电器动作，切断向压缩机供电电源，压缩机停止工作。

停机后随着制冷系统低压压力的回升，当高于压力继电器低压压力设定值时，低压压力继电器复位，接通向压缩机供电的电源，压缩机重新开始工作。这样周而复始的控制过程，达到了自动控制压缩机开停的目的。

（2）制冷系统负压停机法的优点

1）每次达到制冷装置设定的温度值时，都进行了一次抽真空操作，使系统中的冷冻润滑油全部回到压缩机，这样，蒸发器内的油膜减少，传热系数增加，使蒸发器保持当初的设计要求。

2）抽真空使压缩机在无负荷下起动，这样对电网冲击很少，对压缩机的线圈和机械部分起到保护的作用，使压缩机正常使用寿命更长。

知识点 16　活塞式压缩机正常工作时的参数值

活塞式压缩机正常工作时的参数如下：

1）水冷式机组冷却水的水压应达到 0.12MPa 以上。

2）冷冻润滑油压力应比吸气压力高 0.15~0.3MPa。

3）氟利昂制冷系统压缩机曲轴箱中的冷冻润滑油温度应低于 70℃。

4）氟利昂制冷系统压缩机使用 R12 的排气温度 ≤ 110℃；使用 R22 的排气温度

≤135℃。

5）氟利昂制冷系统压缩机使用 R12 制冷剂时，其水冷式冷凝器冷凝压力 p_K≤1.18MPa，使用 R22 制冷剂时，其水冷式冷凝器冷凝压力 p_K≤1.37MPa。

6）开启时压缩机轴封和轴承的温度不能超过 70℃。

知识点 17 活塞式压缩机正常工作时的标志

活塞式压缩机正常工作时的标志如下：

1）压缩机运行过程中无异常声响。

2）压缩机运行时吸气管口处结霜。

3）压缩机曲轴箱视液镜油位不低于 1/2。

4）氟利昂制冷系统油分离器的自动回油管，应时冷时热，冷热周期在 1h 左右；干燥过滤器前后应无明显温差，更不能出现结霜现象。

5）用手摸卧式壳管式冷凝器时，应明显感觉到上部热，下部凉，冷热交界处为制冷剂液面，应在冷凝器直径的 1/3 左右。

6）用手摸氟利昂制冷系统的油分离器时，应明显感觉到上部热，下部不太热，为正常。

7）制冷系统热力膨胀阀结有斜线霜为正常。

知识点 18 制冷系统正常的标志

制冷系统活塞式压缩机运行中是否正常可以看下述参数和现象，以判定其运行状态正常与否。

1）压缩机运行时其油压应比吸气压力高 0.1~0.3MPa。

2）曲轴箱上若有一个视油孔，油位不得低于视油孔的 1/2；若有两个视油孔，油位不超过上视孔的 1/2，不低于下视孔的 1/2。

3）曲轴箱中的油温一般应保持在 40~60℃，最高不得超过 70℃。

4）压缩机轴封处的温度不得超过 70℃。

5）压缩机的排气温度，视使用的制冷剂的不同而不同，采用 R12 制冷剂时不超过 130℃，采用 R22 制冷剂时不超过 145℃。

6）压缩机的吸气温度比蒸发温度高 5~15℃。

7）压缩机电动机的运行电流稳定，机体温度正常。

8）自动回油装置的油分离器能自动回油。

知识点 19 制冷系统手动停机操作

制冷系统装有自动控制系统时，由自动控制系统来完成停机操作；若没有自动控制系统，则由手动控制实现停机操作。

制冷系统手动停机操作，可按下述程序进行：

1）在接到停止运行的指令后，首先关闭储液器或冷凝器的出口阀（即供液阀）。

2）待压缩机低压压力表的表压力接近于0，或略高于大气压力时（在供液阀关闭10~30min后，视制冷系蒸发器大小而定），关闭吸气阀，停止压缩机运转，同时关闭排气阀。如果由于停机时机掌握不当而使停机后压缩机的低压压力低于0，则应适当开启一下吸气阀，使低压压力表的压力上升至0，以避免停机后，由于曲轴箱密封不好而导致外界空气渗入。

3）在压缩机停止运行10~30min后，关闭冷却水系统，停止冷却水泵、冷却塔风机工作，使冷却水系统停止运行。

4）关闭制冷系统上各阀门。

5）若冬季要大修冷藏库的制冷系统，停机时间过长时，为防止冬季可能产生的冻裂故障，应将冷却水系统中残存的水放干净。

知识点 20 冷凝温度与冷却介质温度的关系

制冷系统冷凝温度的大小取决于冷却介质（冷却水或空气）的温度。

当冷库制冷系统采用水冷设备时，制冷系统冷凝温度 t_k 与冷凝器进水的温度 t_w 关系是

$$t_k = t_w + \Delta t_1 + \Delta t_2$$

式中，t_w 是冷却器进入温度；Δt_1 是冷却水在冷凝器中的温升（即进出水温差），一般取 2~4℃；Δt_2 是冷凝温度与冷却器出水口水温之差，一般情况下冷凝温度比冷却水温度高 5~9℃。

当制冷系统采用风冷设备时，冷凝温度应比空气温度高 8~12℃。

一般情况下，冷凝温度越低，制冷系统的冷却效果越好，但考虑到降低冷却水温度或加大冷风量是要消耗电能的因素，所以，从设备运行安全和经济角度考虑，要求采用 R12 作为制冷剂的制冷系统的冷凝温度 ≤50℃，最好在40℃以下比较理想；采用 R22 作为制冷剂的制冷系统的冷凝温度 ≤40℃，最好在38℃以下。

从压缩机运行特性可知，制冷系统的冷凝温度 t_k 每增加1℃，制冷系统的制冷量 q_0 就减少 1%~2%，耗电量就增加 2%~2.5%，所以将冷凝温度控制好，可提高制冷系统运行的经济效益。

知识点 21 压缩机的吸、排气温度要求

（1）压缩机的吸气温度要求　压缩机的吸气温度是指压缩机吸气阀处的制冷剂气体的温度。为了保证中小型冷库使用的活塞式压缩机安全运行，防止压缩机出现"液击"故障，要求压缩机的吸气温度要比制冷系统的蒸发温度高一些，即使吸入压缩机的气体为高热蒸气状态。氟利昂制冷系统中的吸气过热度一般应控制在 5~15℃，

吸气温度应比蒸发温度高 15℃ 左右，但不能超过 15℃。不同制冷系统的蒸发温度不同，其吸气温度也就不同。

（2）压缩机的排气温度要求　压缩机的排气温度是指压缩机排气阀处制冷剂气体的温度。为了保证使用的活塞式压缩机安全运行，规定用 R12 作为制冷剂的活塞式压缩机排气温度不能超过 130℃；用 R22 作为制冷剂的活塞式压缩机排气温度不能超过 150℃。

压缩机的排气温度过高，会引起冷冻润滑油的温度升高而黏度降低，使其润滑效果变差，易造成压缩机运行部件损坏。排气温度过高，会接近冷冻润滑油的闪点，导致一系列问题。

知识点 22　制冷系统过冷温度要求

在制冷系统运行中，为了防止液体制冷剂在膨胀阀前的管道中产生闪发气体，保证进入膨胀阀的制冷剂全部是液体，要求制冷剂在节流前有一定的过冷度。一般情况下制冷系统的过冷度取 3~5℃ 比较合适，具体应看制冷系统使用的制冷剂和运行状态，才能决定制冷系统的过冷度取值。

知识点 23　制冷设备运行中的管理

为了保证冷库设备能安全正常运行，在其运行过程中应做好以下工作：

1）经常检查及确认电源的电压是否符合要求，电压应为 380V±38V（三相四线制）。冷库设备长期不用时，应切断冷库的总电源，并确保冷库设备不受潮，不被灰尘等其他物质污染。

2）制冷机组上的冷凝器很容易被弄脏，应根据实际情况定期清洗，以保持良好的传热效果。冷凝器散热效果好，制冷效果才会好。制冷机组周围不要堆放杂物。

3）冷库设备的电气设备应避免受潮，以免漏电造成触电事故。

4）冷库的门铰链、拉手、门锁应根据实际情况定期添加润滑油。

5）冷库设备的电气设备检修应由电工或懂得用电知识的人员来操作，进行任何检修操作都必须切断电源，以确保安全。

6）制冷机在运转过程中应避免振动，振动除了增加机械磨损外还会导致机组上连接管松动或断裂。机器在运转过程中若发现噪声异常，应停机检查，排除后再运行。制冷压缩机组的保护功能均已事先设定好，无须调整。

7）定期检查制冷机组的各连接管、阀件上的连接管是否牢固，是否有制冷剂渗漏（一般渗漏的地方会出现油迹）。检漏最实用的方法是用海绵或软布沾上洗涤剂，揉搓起沫，然后均匀涂在要检漏的地方，观察数分钟。若存在渗漏会有气泡出现，可在渗漏的地方做上记号，然后对阀件进行紧固或管道焊接处理。

知识点 24 压缩机吸气温度过高或过低的原因

压缩机吸气温度的变化反映系统运行是否正常，吸气温度过高说明回气过热，将使压缩机吸气比体积增大，制冷量减少，排气温度升高。压缩机吸气温度过高的原因是制冷系统供液太少，制冷剂在蒸发器内提前蒸发完毕而产生过热。若压缩机吸气温度过低可能是供液太多，液体制冷剂在蒸发器内汽化不完全，会产生液击现象，应尽量避免并注意调节。

知识点 25 空气进入制冷系统的途径

空气进入制冷系统的主要途径如下：

1）制冷系统在充注制冷剂之前，没有彻底进行抽真空操作，使空气残存在系统中。

2）制冷系统在补充冷冻润滑油时带入空气。

3）制冷系统处于负压下工作时，空气渗入制冷系统中。

知识点 26 制冷系统中残存空气的危害

制冷系统中残存空气的主要危害如下：

1）导致制冷系统中的冷凝压力升高。依据道尔顿定律，一个容器内气体总压力等于各气体分压力之和。所以，当空气进入制冷系统中时，其总压力为制冷剂和空气的压力之和。

2）由于空气在冷凝器中存在，冷凝器的传热面上形成气体层，增加了热阻作用，降低了冷凝器的传热效率。同时，空气会将水分也带进系统，造成腐蚀。

3）由于空气在冷凝器中存在，制冷系统中的冷凝压力升高，使压缩机的制冷量下降，能耗的增加。

4）制冷系统中冷凝压力的升高，会使机组的排气温度升高，易使机组发生意外事故。

知识点 27 制冷系统中存在空气的诊断方法

判断制冷系统中是否存在空气的方法如下：

1）观察机组压力表的摆动情况。制冷系统中存在空气时，其压力表指针会大幅度摆动，摆动的频率也较慢。

2）机组运行时的压力和温度值都高于正常值范围。

3）利用计算冷凝压力的方法，检测系统中空气的含量。根据系统中有空气会使冷凝压力升高的特点，设含有空气的冷凝器总压力为 p，冷凝压力为 p_k，则空气在冷凝器中的含量 g 为

$$g = \frac{p - p_k}{p}$$

知识点 28 用低压吸入法补充冷冻润滑油的方法

低压吸入充注方法是将冷冻润滑油从压缩机吸气截止阀多用通道注入，操作步骤如下：

1）将冷冻润滑油倒入一个清洁、干燥的容器内。在压缩机吸入阀多用通道上安装"T"形三通接头，并在"T"形三通接头上分别接一块压力表和一根清洁、干燥的软管。

2）用棘轮扳手将压缩机吸气截止阀多用通道稍微开启一点，排出少量制冷剂气体，把软管内的空气赶走，随即用手指按住管口，并迅速将管口浸入盛油容器油面以下。

3）将压缩机吸气截止阀调至全关状态，起动压缩机运行，待低压达到 300~400mmHg（1mmHg ≈ 133.3Pa）真空度时，停止压缩机运行。

4）放开手指，冷冻润滑油在瞬时压差作用下，被吸入压缩机，并经吸气腔的回油孔流入曲轴箱中。

5）观察曲轴箱视液镜，待油面达到视液镜中线以后，用棘轮扳手将压缩机吸气截止阀多用通道调至全开状态，压缩机补充冷冻润滑油工作完毕。

知识点 29 压缩机不停机补充冷冻润滑油操作方法

如果装有充放油三通阀，压缩机可实现不停机补充冷冻润滑油，具体操作步骤如下：

1）压缩机正常运转，把充放油三通阀置于运转位置（阀芯应退足）旋下外通道螺塞，接上加油管，油管通至盛油容器。盛油容器的油面应高于曲轴箱的油面。

2）关小吸入阀，使曲轴箱压力（即低压值）略高于"0"MPa。将充放油三通阀芯向前（右）旋转少许，置于放油位置，让曲轴箱内的冷冻润滑油流出，赶走管内的空气。然后迅速将阀芯向前（右）旋至极限位置，处于装油位置，盛油器内的冷冻润滑油就被油泵吸入。

3）待油加至要求油位时，把充放油三通阀转至运转位置，然后拆下油管，并把装置调整在正常的运转工况。

知识点 30 压缩机高压强制压入法补充冷冻润滑油的方法

强制压入法的工作原理是在注油管压力较曲轴箱油面压力（低压压力）更高的条件下，将冷冻润滑油强行注入曲轴箱。整个过程要借助补油器来完成。注油管连接在补油器和曲轴箱之间，而补油器中的压力一般来自油泵或压缩机的排气端。

补油器初次使用时，要利用压缩机的低压制冷剂蒸气来驱赶补油器中的空气，空气驱赶干净后，方可向补油器中灌入符合要求的冷冻润滑油。在必须向压缩机曲轴箱补油时，只要打开连接在压缩机排气端和注油管上的阀门，就可利用压缩机的排气压力强行将冷冻润滑油压入曲轴箱，当油位符合要求时关闭阀门即可。

知识点 31 制冷系统蒸发器热制冷剂除霜

热制冷剂除霜也叫作热融霜，是一种适用于直冷式和间冷式制冷系统的除霜方式。除霜时，压缩机排出的高温过热制冷剂蒸气，经油分离器分离后，通过切换控制阀门或电磁四通阀，将高温过热制冷剂蒸气导入蒸发器内。利用高温过热制冷剂蒸气的热能融化蒸发器表面的霜层。

氟利昂制冷系统热融霜操作时，首先打开融霜电磁阀，制冷压缩机排出的高温过热制冷剂蒸气，经油分离器，将冷冻润滑油分离后，经过融霜电磁阀进入蒸发器，进行融霜。高温过热制冷剂蒸气放出热量后，冷凝为液体，排放到气液分离器中。液体制冷剂在气液分离器中进行气液分离后，被压缩机吸回，进行循环。融霜结束后，关闭融霜电磁阀，制冷系统将恢复正常的制冷运行状态。

知识点 32 制冷系统蒸发器电加热除霜

电加热除霜也叫作全自动化霜，主要用于间冷式翅片盘管式蒸发器。采用电加热除霜的翅片盘管式蒸发器管道间隙中装有电热管。需要进行化霜时，关闭制冷系统的出液阀后，按下化霜控制电路的按钮，使翅片盘管式蒸发器的风扇电动机与压缩机都停止运转，接通翅片盘管式蒸发器中电加热器的电源，开始进行电加热除霜。当霜融化且翅片盘管式蒸发器表面温度达到13℃后，电路自动切断化霜加热器电源，同时接通翅片盘管式蒸发器的风扇电动机和压缩机的电源，恢复运行。此时，要缓慢打开制冷系统的出液阀，并随着压缩机运转进入正常，将其开至最大，恢复制冷系统正常运行。

电加热除霜操作简便，自动化程度高，但耗电量较大，冷藏库内温度波动较大。

知识点 33 热力膨胀阀堵塞的原因

制冷系统中热力膨胀阀的堵塞故障是经常发生的，包括"脏堵"和"冰堵"。脏堵的主要原因是系统中存在杂质，例如焊渣、金属屑和纤维物等。冰堵的原因是系统中含有过多的水分（湿气），产生湿气的途径如下：

1）在安装时系统抽真空时间不够，没能把管路内的湿气抽干净。

2）管路连接处的焊接工艺处理得不好，有砂眼，使空气渗入制冷系统。

3）维护过程中在向制冷系统充注制冷剂时，没有把加氟软管内的空气吹出来，使其进入制冷系统中。

4）维护过程中在向制冷压缩机补充冷冻润滑油时，操作不谨慎，使空气混入制冷系统。

知识点 34　制冷系统脏堵发生的位置

制冷系统的脏堵一般发生在干燥过滤器上，系统中的杂质被干燥过滤器拦截住，造成脏堵现象。另外，脏堵也有可能发生在膨胀阀入口的过滤网处。制冷系统发生脏堵时，首先表现为制冷系统回气温度升高，过热度升高。脏堵故障严重时，会造成制冷系统因低压压力过低而停止运转。

知识点 35　制冷系统冰堵发生的位置

制冷系统的冰堵一般发生在膨胀阀的节流孔处，因为这里是整个系统中温度最低、孔径最小的地方。由于系统不再制冷，系统整体温度回升，随着温度的提高，冰堵处会逐渐融化，而后系统又恢复制冷能力，随着系统整体温度的再次降低又会出现冰堵现象。故冰堵是一个反复程。

知识点 36　制冷系统脏堵或冰堵的处理方法

对于制冷系统的脏堵，如果不是很严重，更换一个干燥过滤器就可以了。如果非常严重，就要重新清理系统管路中的杂质、抽真空、重新充注制冷剂。

对于制冷系统轻微冰堵，用热毛巾敷在冰堵处，化开冰堵点即可。如果冰堵程度比较严重，已影响了系统的正常运行，可以多次更换过滤干燥器中的干燥剂，过滤掉系统中的水分，即可恢复制冷系统正常运行。

知识点 37　压力控制器的作用

压力控制器是由压力信号控制的电开关，因此又叫作压力继电器。压力控制器若按控制压力的高低分类，可分为高压控制器、中压控制器和低压控制器。

制冷系统中常使用的是高、低压压力控制器。

（1）高压控制器　高压控制器用于制冷压缩机的高压保护，目的是防止因冷凝器断水而导致水量供应严重不足或是风冷式冷凝器风扇不转；或者由于起动时排气管路上的阀门未打开；或者制冷剂灌注量过多；或者因系统中不凝性气体过多等原因造成排气压力急剧上升而产生事故，当排气压力超过警戒值时，压力控制器立即切断压缩机电源，使压缩机保护性停机。

（2）低压控制器　低压控制器可以用来在小型制冷装置中对压缩机进行开机、停机控制；在大型制冷装置中可用于控制卸载机构动作，以实施压缩机的能量调节。同时，低压控制器还可以起到防止压缩机吸气压力过低的保护作用。

在实际使用中对一台压缩机而言，往往既要实施高压保护，又要以吸气压力控制压缩机的正常开停。为了简化结构，常常将高压控制器与低压控制器做成一体，称为高低压力控制器。

知识点 38 压力控制器的工作原理

压力控制器的工作原理（见图2-6）分为高低压两部分：

（1）低压部分的工作原理 当压缩机的吸气压力下降到稍低于低压控制器的调定值时，低压弹簧的拉力矩大于气箱中吸气压力所产生的顶力矩，弹簧拉着低压推杆逆时针方向绕着支点旋转，带着推杆向上移动，到推动动触头时，使动触头与静触头分离而切断电源。当压缩机吸气压力上升到高于低压控制器的调定值时，气箱中的吸气压力所产生的顶力矩大于低压弹簧的拉力矩，气箱推着杠杆以顺时针方向旋转，推杆往下移动接通电源，触头板在永久磁铁的吸力作用下，使动静两触头迅速闭合以防发生火花而烧毁触头。

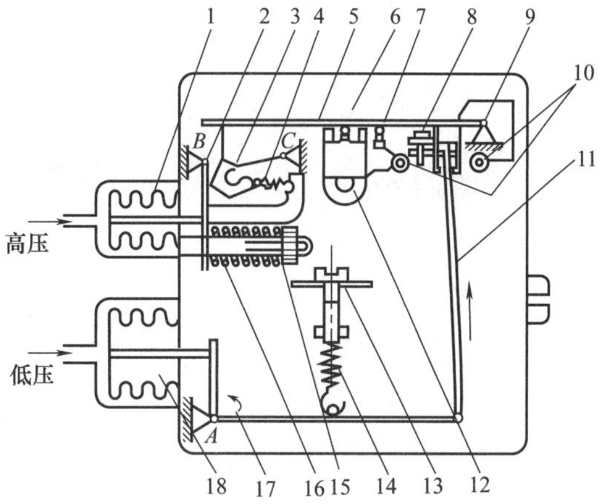

若要调节低压控制器的压力控制

图 2-6 FP 型压力控制器的工作原理

1—高压气箱 2—杠杆 3—跳板 4—跳簧 5—动触头板
6—辅触头 7—主触头 8—低压差动调节螺钉 9—转轴
10—接线柱 11—推杆 12—永久磁铁 13—低压调节螺钉
14—低压弹簧 15—高压调节螺母 16—高压弹簧
17—直角杆 18—低压气箱

值（即切断电源的压力值），可旋转低压调节螺钉以调整低压弹簧的拉力矩，顺时针旋转时能增加拉力；逆时针旋转时则能减小拉力。

低压控制器的差动值（即触头分与合时的压力差），由低压差动调节螺钉来调整，差动值的调整是通过调节推杆端部的夹持器的直槽空行程的长短来实现的。空行程越长，则差动值越大；反之，差动值则越小，压差调节螺钉每旋转一圈，压力差变化0.04MPa。

（2）高压部分的工作原理 当压缩机的排气压力上升至略高于高压控制器的调定值，高压气箱内的排气压力所产生的顶力矩大于高压调节弹簧的张力矩，顶力矩便推动高压杠杆以逆时针方向绕着支点旋转，杠杆推动弹簧向上拉，使跳板以刀口为支点，按顺时针方向向上突跳式地旋转，撞击动触头板使触头分离而切断电源。当排气压力下降后，使动触头板复位，动、静触头便又闭合而接通电源。

高压控制器的压力控制值（即切断电源的压力值）的调整，可旋转高压调节螺母来调节高压弹簧的张力矩。当顺时针方向旋转时，则增大弹簧的张力；反之，逆时针方向旋转螺母，则减小弹簧的张力。可调节的压力范围为0.6~1.4MPa或1.0~1.7MPa。触头通断的差动值为0.2~0.4MPa。要注意的是，FP型高低压力控制器

第二部分

的差动值是不能调节的。

知识点 39 活塞式压缩机安全使用条件

制冷系统使用的活塞式压缩机必须在一定的工作条件下，才能保证长期安全运行。以氟利昂为制冷剂的活塞式压缩机，其安全使用条件见表2-1。

表2-1 活塞式压缩机安全使用条件

使用工作条件	制 冷 剂
	R22
$t_0/℃$	−40~5
$t_k/℃$	≤ 40
压缩比	≤ 10
$p_k−p_0/MPa$	≤ 1.4
$t_{吸气}/℃$	15
$t_{排气}/℃$	150
油温/℃	≤ 70

在冷库制冷系统运行中上述参数分别通过高低压力控制器、油压控制器来实现。

知识点 40 压差控制器的作用

压差控制器又称为压差继电器或油压继电器。在制冷系统运行过程中，为了保证压缩机各运动摩擦部件能得到良好的润滑，必须使润滑系统有一定的油压。如果油压过低，在压缩机运转或起动过程中就会因运动部件得不到良好的润滑而造成压缩机严重损坏。而在压缩机运转过程中，油压表所反映的压力并不是真正的冷冻润滑油的压力，真正的冷冻润滑油压力应该是油压表指示的压力与压缩机吸气压力的差值。因此，确切地说，压差控制器是一个维持油泵排出压力与压缩机吸气压力在一定范围内的压力控制器。当压缩机在运行过程中出现油泵排出压力与压缩机吸气压力的差值小于设定值的现象时，控制器的微动开关就会动作，自动切断压缩机电动机的电路，使压缩机停机。

二、练习题

1. 制冷设备运行交接班要（　　　）。

  A. 做好记录　　　　B. 准时到岗　　　　C. 做好安排　　　　D. 做好预案

2. 制冷设备交接班时接班者未到，应向主管领导汇报（　　　）方可离开。

  A. 得到准许　　　　B. 找人替班　　　　C. 有人接班　　　　D. 不用加班

3. 制冷设备运行时若接班人员因故未能准时接班，交班人员（　　）。

A. 不得离开工作岗位　　　　　　　B. 汇报后可以下班

C. 应做好记录备查　　　　　　　　D. 打电话催接班者

4. 制冷设备交班人员应如实地向接班人员说明（　　）。

A. 上一班情况　　　　　　　　　　B. 设备维修情况

C. 客户反映情况　　　　　　　　　D. 设备运行情况

5. 制冷设备交班人员应向接班人员说明（　　）的运行参数。

A. 各系统　　　　B. 水系统　　　　C. 气系统　　　　D. 电系统

6. 制冷设备交班人员应向接班人员说明冷、热源和电力（　　）情况。

A. 变化　　　　　B. 供应　　　　　C. 故障　　　　　D. 价格

7. 制冷设备值班人员交班时若有要及时处理或正在处理的运行故障，必须在（　　）后方可交班。

A. 及时进行汇报　　　　　　　　　B. 填写值班记录

C. 故障处理结束　　　　　　　　　D. 等领导批准

8. 制冷设备接班人员应将交班中的（　　）弄清楚，方可接班。

A. 值班记录　　　　B. 疑点问题　　　　C. 维修过程　　　　D. 领班要求

9. 制冷设备接班人员接班后，上一班次出现的所有问题均应由（　　）负全部责任。

A. 接班者　　　　　B. 交班者　　　　　C. 领班者　　　　　D. 交接者

10. 制冷设备交班人员应向接班人员说明（　　）。

A. 事故处理的结果　　　　　　　　B. 运行操作的方法

C. 值班记录的内容　　　　　　　　D. 遗留的问题

11. 制冷设备值班巡视工作内容包含对（　　）的巡视。

A. 机房卫生　　　　B. 机房通风　　　　C. 制冷机组　　　　D. 值班环境

12. 制冷设备值班巡视基本方法是（　　）。

A. 看、听、摸、测　　　　　　　　B. 看、听、摸、闻

C. 看、听、摸、问　　　　　　　　D. 看、听、测、闻

13. 制冷设备值班巡视要求每（　　）完成一次巡视过程。

A. 60min　　　　B. 100min　　　　C. 120min　　　　D. 150min

14. 制冷设备运行记录要求（　　）记录设备的运行情况。

A. 完整、清晰、及时　　　　　　　B. 及时、完整、整洁

C. 准确、完整、清晰　　　　　　　D. 准确、实时、清晰

15. 制冷设备运行记录（　　）。

A. 出现错误可以更改　　　　　　　B. 出现错误不可更改

C. 出现错误撕掉重写　　　　　　　D. 出现错误抠掉更改

16. 为了防止出现异常事故，机房严禁存放（　　　）。

A. 易燃、易爆物　　　　　　　　　　　B. 制冷剂、冷冻润滑油

C. 煤油、润滑油　　　　　　　　　　　D. 汽油、四氯化碳

17. 制冷机开机前要检查电源电压，要求电源电压为（　　　）。

A. 380V　　　　　　B. 420V　　　　　　C. 380~420V　　　　　　D.>380V

18. 开启式制冷机开机前要检查其有无卡死现象，要求盘车（　　　）。

A. 二圈　　　　　　B. 三圈　　　　　　C. 四圈　　　　　　D. 任意圈

19. 制冷装置压力控制器高压部分调定压力为（　　　）。

A. 1.30~1.40MPa　　　　　　　　　　B. 1.50~1.60MPa

C. 1.65~1.7MPa　　　　　　　　　　　D. 1.75~1.80MPa

20. 压差控制器油泵排出压力和压缩机吸气压力是（　　　）两个压力信号的作用。

A. 油泵排出压力和压缩机吸气压力　　　B. 油泵回油压力和压缩机吸气压力

C. 压缩机的吸气压力和排气压力　　　　D. 油泵排出压力和油泵回油压力

21. 压缩机起动前曲轴箱为一个视孔时，油面位置应在（　　　）到上视孔的1/2范围内。

A. 下视孔 1/2　　　B. 下视孔 1/3　　　C. 下视孔 2/3　　　D. 下视孔 1/4

22. 氨制冷系统中高压容器安全阀的调定压力应为（　　　）MPa。

A. 1.65　　　　　　B. 1.75　　　　　　C. 1.85　　　　　　D. 1.95

23. 氨制冷系统中的中低压设备安全阀的调定压力应为（　　　）MPa。

A. 1.25　　　　　　B. 1.30　　　　　　C. 1.45　　　　　　D. 1.50

24. 冷却塔运行记录主要内容有（　　　）和冷却水进出口温度、压力。

A. 运行电流、运行电压　　　　　　　　B. 起动电流、起动压降

C. 瞬时电流、运行电压　　　　　　　　D. 压降范围、电流波动

25. 活塞式压缩机使用的三相异步电动机所允许的最高工作温度是（　　　）℃。

A. 120　　　　　　B. 130　　　　　　C. 155　　　　　　D. 180

26. 机组在运行中，电流表指针呈周期性大幅度摆动，是（　　　）所致。

A. 三相不平衡与电源电压波动两种故障联合

B. 电源电压波动

C. 三相不平衡

D. 三相不平衡或电源电压波动

27. 水冷机组冷却水进出水压力压降的允许值为（　　　）MPa。

A. 0.05　　　　　　B. 0.06　　　　　　C. 0.07　　　　　　D. 0.075

28. 水冷机组冷却循环水压力值应在（　　　）MPa。

A. 0.12~0.15　　　B. 0.12~0.2　　　　C. 0.12~0.3　　　　D. 0.12~0.4

29. 水冷机组冷却循环水压力降超标原因是（　　　）。

A. 水温过高   B. 水压过大

C. 阀门开度过小   D. 阀门开度过大

30. 标准工况是考核（   ）的各项指标。

A. 制冷压缩机   B. 节流机构   C. 蒸发器   D. 冷凝器

31. 压缩机铭牌上所标明的制冷量，是指（   ）下的制冷量。

A. 空调工况   B. 理论工况   C. 标准工况   D. 实际工况

32. GB/T 10079—2018 活塞式单级制冷剂压缩机组无负荷试运转曲轴箱油温
（   ）℃。

A. 必须达到 50   B. 不应高于 50   C. 必须达到 70   D. 不应高于 70

33. GB/T 10079—2018 活塞式单级制冷剂压缩机组无负荷试运转油压应在
（   ）MPa。

A. 0.10~0.15   B. 0.15~0.20   C. 0.15~0.30   D. 0.15~0.35

34. 氟利昂活塞式压缩机空载试运转排气压力应在（   ）MPa。

A. 0.10~0.15   B. 0.20~0.25   C. 0.20~0.30   D. 0.20~0.40

35. 活塞式压缩机正常运转时，油压应比吸气压力（   ）MPa。

A. 高 0.1~0.2   B. 低 0.1~0.2   C. 高 0.1~0.3   D. 低 0.1~0.3

36. 活塞式压缩机正常运转时，曲轴箱内油温应保持在（   ）℃。

A. 40~45   B. 40~50   C. 40~60   D. 40~70

37. 活塞式压缩机使用 R22 为制冷剂正常运转时，排气温度（   ）℃。

A. 不得高于 145   B. 不得低于 145   C. 不得高于 70   D. 不得低于 70

38. 氨制冷设备运行时油压应比吸入压力高（   ）MPa。

A. 0.10~0.15   B. 0.15~0.20   C. 0.15~0.30   D. 0.30~0.35

39. 氨制冷压缩机运行时吸气温度应比氨的蒸发温度高（   ）℃。

A. 5~10   B. 5~15   C. 10~15   D. 15~20

40. 活塞式压缩机正式起动运转平稳后，能量调节应每隔（   ）min 转换一个
档位。

A. 5   B. 10   C. 15   D. 20

41. 活塞式压缩机运转中出现湿冲程，可暂时关闭吸气阀，待压缩机运行
（   ）min 后再缓慢打开吸气阀。

A. 5~10   B. 10~15   C. 15~20   D. 20~25

42. 活塞式压缩机投入正式运行，应将吸气温度调整至比蒸发温度（   ）℃。

A. 高 5~10   B. 低 5~10   C. 高 5~15   D. 低 5~10

43. 氨制冷压缩机运行时，排气温度（   ）。

A. 最高温度不得超过 145℃，最低温度不得低于 70℃

B. 最高温度不得超过 135℃，最低温度不得低于 60℃

C. 最高温度不得超过 125℃，最低温度不得低于 50℃

D. 最高温度不得超过 115℃，最低温度不得低于 40℃

44. 氨制冷设备起动程序：起动冷却水系统、起动油泵（　　　）s 后，油压差建立，起动主机。

    A. 3~5　　　　　　　B. 5~10　　　　　　C. 10~15　　　　　D. 15~20

45. 氨制冷设备起动时排气表的表压力不得超过（　　　）MPa。

    A. 1.5　　　　　　　B. 1.8　　　　　　C. 1.9　　　　　　D. 2.0

46. 氨制冷设备运行时排气温度不得超过（　　　）℃。

    A. 95　　　　　　　B. 100　　　　　　C. 105　　　　　　D. 110

47. 氟利昂压缩机运转时通过回油视镜观察回油情况，以（　　　）为合适。

    A. 回油镜中看到的是纯油滴　　　　　B. 回油镜中看到油气混合物

    C. 回油镜中看到的是雾状油　　　　　D. 回油油滴略带有少量气体

48. 氟利昂压缩机放油时油气分离器内压力（　　　）MPa。

    A. 不得超过 0.15　　　　　　　　　　B. 应当达到 0.15

    C. 应当低于 0.15　　　　　　　　　　D. 应当高于 0.15

49. 氟利昂压缩机放油时润滑油在（　　　）℃左右容易放出。

    A. 60　　　　　　　B. 50　　　　　　C. 45　　　　　　　D. 40

50. 氟利昂制冷系统存在空气的特征是（　　　）。

    A. 低压表针有规律颤动　　　　　　　B. 高压表针有规律颤动

    C. 低压表针剧烈颤动　　　　　　　　D. 高压表针剧烈颤动

51. 氟利昂制冷系统存在空气的特征是（　　　）。

    A. 排气压力过高　　　　　　　　　　B. 吸气压力过高

    C. 回气温度过高　　　　　　　　　　D. 冷冻润滑油温度过高

52. 氟利昂制冷系统存在空气时，空气会聚集在（　　　）。

    A. 蒸发器上部　　　B. 蒸发器下部　　　C. 冷凝器上部　　　D. 冷凝器下部

53. 氟利昂制冷系统进行放空时应将（　　　）关闭，以备放空。

    A. 冷凝器的进气阀　　　　　　　　　B. 冷凝器的出液阀

    C. 蒸发器的进气阀　　　　　　　　　D. 蒸发器的出液阀

54. 氟利昂制冷系统进行放空时应先将（　　　）调整为短路状态，以便使压缩机继续运行。

    A. 压力继电器　　　B. 压差继电器　　　C. 温度传感器　　　D. 热继电器

55. 氨制冷系统存在空气会使制冷系统的（　　　）。

    A. 润滑油压升高　　　　　　　　　　B. 吸气压力升高

    C. 冷凝压力升高　　　　　　　　　　D. 蒸发压力升高

56. 氨制冷系统存在空气会使制冷系统的（　　　）。

A. 润滑油温升高 B. 吸气温度升高

C. 冷凝温度升高 D. 蒸发温度升高

57. 氨制冷系统存在空气会使制冷系统的（　　　）。

A. 安全阀动作 B. 排液阀动作 C. 泄氨阀动作 D. 压缩机停机

58. 氨制冷系统空气都存在于（　　　）和高压储液桶内。

A. 蒸发器 B. 冷凝器 C. 油分离器 D. 平衡管

59. 氨制冷系统排空操作需用到（　　　）上部的放空气阀。

A. 冷凝器 B. 蒸发器 C. 高压排液桶 D. 低压排液桶

60. 氨制冷系统进行热融霜时，其冷凝压力最高不得超过（　　　）MPa 表压力。

A. 0.2 B. 0.4 C. 0.6 D. 0.8

61. 热氨与水配合冲霜时，先进行热氨冲霜，待霜层（　　　）时开始水冲霜。

A. 霜层松动 B. 完全融化 C. 部分结霜 D. 初步融化

62. 热氨与水配合冲霜时，不得将系统（　　　）关闭，以防管内压力过高。

A. 排气阀 B. 止回阀 C. 回气阀 D. 吸气阀

63. 氟利昂系统热融霜时，为防止冷风机下面水盘冻结，先将（　　　）经过水盘。

A. 排气管 B. 吸气管 C. 均压管 D. 回热管

64. 氟利昂制冷系统热融霜时，要先将压缩机（　　　）打开。

A. 吸气管上的三通阀 B. 旁通管上的三通阀

C. 排气管上的三通阀 D. 平衡管上的三通阀

65. 为保证氟利昂制冷系统热融霜时设备安全，其气体压力应控制在（　　　）MPa。

A. 0.4~0.5 B. 0.5~0.6 C. 0.6~0.7 D. 0.6~0.8

66. 氟利昂制冷系统水融霜时，应提前（　　　）min 将冷风机的供液阀关闭，并微开回气阀。

A. 30 B. 20 C. 15 D. 5

67. 氟利昂制冷系统水融霜时应用（　　　）℃左右的水对蒸发器进行喷淋融霜。

A. 10 B. 15 C. 20 D. 25

68. 氟利昂制冷系统存在水分会产生（　　　），腐蚀系统形成镀铜现象。

A. 中性物质 B. 碱性物质 C. 酸性物质 D. 酸碱性物质

69. 氟利昂制冷系统存在水分会产生（　　　）现象。

A. 脏堵塞 B. 冰堵塞 C. 镀铜 D. 镀锌

70. 氟利昂制冷系统存在水分会使冷冻润滑油产生（　　　）。

A. 分解和沉淀 B. 氧化和沉淀 C. 分解和氧化 D. 沉淀和汽化

71. 制冷压缩机补充冷冻润滑油时应使用与曲轴箱中（　　　）的冷冻润滑油。

A. 同厂家、同牌号 B. 同标号、同厂家

C. 同标号、同牌号　　　　　　　　　　D. 同价格、同牌号

72. 制冷压缩机可使用（　　　）进行冷冻润滑油的补充。

A. 真空泵负压抽入法　　　　　　　　　B. 压缩机自身抽入法

C. 综合润滑油抽入法　　　　　　　　　D. 多级负压抽入法

73. 活塞式压缩机重新充灌冷冻润滑油应先旋下曲轴箱下部的（　　　），放出旧冷冻润滑油。

A. 泄油塞　　　　　B. 泄氟塞　　　　　C. 泄气塞　　　　　D. 泄物塞

74. 活塞式压缩机重新充灌润滑油时，由于曲轴箱内没有冷冻润滑油，应使用（　　　）配合加注工作。

A. 另外机组　　　　B. 真空泵　　　　　C. 收氟机　　　　　D. 漏斗

75. 活塞式压缩机重新充灌冷冻润滑油达到充注量后应用真空泵抽真空（　　　）min。

A. 30 ~50　　　　　B. 20 ~40　　　　　C. 20 ~35　　　　　D. 10 ~20

76. 制冷系统中、低压设备安全阀的调定压力为（　　　）MPa。

A. 1.00　　　　　　B. 1.15　　　　　　C. 1.25　　　　　　D. 1.35

77. 双级压缩机（缸）上的中压安全阀，当吸排侧压力差达到（　　　）MPa 时应自动开启。

A. 0.6　　　　　　　B. 0.7　　　　　　C. 0.8　　　　　　D. 1.0

78. 活塞式压缩机起动、停机频繁是因为（　　　）造成的。

A. 排气压力偏低、吸气压力偏低　　　　B. 排气压力偏高、吸气压力偏高

C. 排气压力偏高、吸气压力偏低　　　　D. 排气压力偏低、吸气压力偏高

79. 活塞式压缩机起、停频繁是因为（　　　）。

A. 高压继电器调节值偏低或低压继电器调节值偏低

B. 高压继电器调节值偏低或低压继电器调节值偏高

C. 高压继电器调节值偏高或低压继电器调节值偏低

D. 高压继电器调节值偏高或低压继电器调节值偏高

80. 活塞式压缩机因排气压力偏高造成起动、停机频繁，通过（　　　）来降低排气压力。

A. 加大冷却水量　　　　　　　　　　　B. 减少冷却水量

C. 调高冷却水温　　　　　　　　　　　D. 提高压缩机转速

81. 活塞式压缩机起动后油压偏低原因是油量太少、（　　　）、油压调节不当、冷冻润滑油含制冷剂较多。

A. 油路进油口阻塞　　　　　　　　　　B. 油路出油口阻塞

C. 油路进油管脱落　　　　　　　　　　D. 油路输出管阻塞

82. 活塞式压缩机能量调节机构失灵的原因是油中含制冷剂液体和（　　　）。

A. 排气阀脏堵　　　B. 吸气阀脏堵　　　C. 出油阀脏堵　　　D. 回油阀脏堵

83. 制冷压缩机的常见故障是机械故障和（　　　）。

A. 吸气故障　　　　B. 排气故障　　　　C. 上油故障　　　　D. 电气故障

84. 活塞式制冷压缩机上油过多是由（　　　）。

A. 制冷剂泄漏造成的　　　　　　　　B. 电动机故障造成的

C. 冷冻润滑油失效造成的　　　　　　D. 活塞与气缸间隙变大造成的

85. 单级氟利昂活塞式制冷压缩机正常运转的参数应在一定范围内，下列叙述错误的是（　　　）。

A. 密封器的温度不得超过 70℃

B. 各种制冷压缩机的排气温度不超过 110℃

C. 制冷压缩机的吸气温度比蒸发温度高 5~10℃

D. 曲轴箱的油温一般保持在 40~60℃，最高不超过 70℃

86. 以氨为制冷剂的活塞式制冷压缩机，其排气温度的正常值是（　　　）。

A. 双级压缩不超过 145℃，单级压缩不超过 145℃

B. 双级压缩不超过 120℃，单级压缩不超过 145℃

C. 双级压缩不超过 160℃，单级压缩不超过 100℃

D. 双级压缩不超过 110℃，单级压缩不超过 100℃

87. 活塞式制冷压缩机不能正常起动的故障原因是（　　　）。

A. 活塞环严重磨损　　　　　　　　　B. 温控器触点粘连

C. 吸气阀片泄漏　　　　　　　　　　D. 线路电压过低

88. （　　　）不会使制冷压缩机 $t_{排}$ 过高。

A. 压缩机湿行程　　　　　　　　　　B. 冷凝温度过高

C. 气缸余隙过大　　　　　　　　　　D. 吸气压力过低

89. 导致活塞式制冷压缩机油泵不上油的故障原因是（　　　）。

A. 排气压力过低　　　　　　　　　　B. 吸气温度过高

C. 曲轴箱缺油　　　　　　　　　　　D. 气环间隙过大

90. （　　　），会使活塞式制冷压缩机发生油压不稳的故障。

A. 油泵吸入压力高的冷冻润滑油　　　B. 油泵吸入温度高的冷冻润滑油

C. 油泵吸入带泡沫的冷冻润滑油　　　D. 油泵吸入温度低的冷冻润滑油

91. 导致活塞式制冷压缩机能量调节机构失灵的故障原因是（　　　）。

A. 油温偏高　　　　B. 油压过低　　　　C. 油压过高　　　　D. 油管轻微渗漏

92. （　　　）会导致活塞式制冷压缩机曲轴箱出现敲击声。

A. 活塞上止点余隙小或排气阀片断裂　B. 排气阀固定螺栓松动或掉入气缸内

C. 连杆大头轴瓦与曲轴颈的间隙过大　D. 连杆小头轴瓦与活塞轴的间隙过小

93. 导致活塞式制冷压缩机阀片断裂的故障是（　　　）。

A. 排气温度低　　　　B. 排气压力低　　　　C. 吸气温度高　　　　D. 压缩机液击

94. 开启式活塞制冷压缩机，属于工程材料问题而导致轴封泄漏故障的是（　　）。

A. 装配不当　　　　B. 橡胶老化　　　　C. 缺油磨损　　　　D. 压力过高

95. 由于工程材料的质量原因，导致活塞式制冷压缩机轴封泄漏故障的是（　　）。

A. 缺油磨损　　　　B. 装配不当　　　　C. 橡胶老化　　　　D. 压力过高

96. 制冷系统用的压力保护控制器将低压侧差动值调整得过小时会出现压力保护后产生（　　）。

A. 制冷机起停一次的现象　　　　　B. 制冷机频繁起停的现象

C. 制冷机无法起动的现象　　　　　D. 制冷机无法停止的现象

97. （　　）不会发生活塞式制冷压缩机油泵不上油的故障。

A. 油泵严重磨损　　　　　　　　　B. 吸气压力过高

C. 曲轴箱有缺油　　　　　　　　　D. 油过滤器堵塞

三、参考答案

1. B	2. C	3. A	4. D	5. A	6. B	7. C	8. B
9. A	10. A	11. C	12. B	13. C	14. C	15. B	16. A
17. C	18. B	19. C	20. A	21. C	22. B	23. A	24. A
25. B	26. D	27. B	28. D	29. C	30. A	31. C	32. B
33. C	34. D	35. C	36. C	37. A	38. C	39. D	40. C
41. A	42. A	43. A	44. B	45. A	46. C	47. D	48. B
49. A	50. D	51. A	52. C	53. B	54. A	55. C	56. C
57. A	58. B	59. A	60. D	61. D	62. A	63. A	64. C
65. A	66. A	67. D	68. C	69. B	70. A	71. C	72. A
73. A	74. B	75. A	76. C	77. A	78. C	79. B	80. A
81. A	82. C	83. D	84. D	85. B	86. D	87. B	88. A
89. C	90. C	91. B	92. C	93. D	94. B	95. C	96. B
97. B							

理论模块 6　维修用仪器仪表原理与使用

一、核心知识点

知识点 1　压力表使用注意事项

在制冷设备维修工作中，用于测量高于大气压的压力仪表称为压力表；用于测量低于大气压的压力仪表称为真空表；两者皆可测的压力仪表，称为真空压力联程表。

真空压力联程表一般以 MPa 为单位，表盘上的刻度有正、负之分，正刻度从 0 开始向右依次为 0.1、0.2、0.3 等，其单位为 MPa；负刻度从 0 开始向左至 −0.1，其单位也为 MPa（或刻度从 0 到 760mmHg），如图 2-7 所示。压力表的外壳直径多采用 60mm、100mm、150mm 和 200mm 等系列。标准公差等级有 1 级、1.5 级、2.5 级。一般用于制冷设备维修的压力表直径多采用 60mm，标准公差等级为 2.5 级。

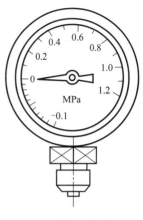

图 2-7　真空压力联程表

知识点 2　压力表读取方法

制冷设备维修中使用的压力表，其注意事项及读取方法是：

1）压力表在使用前要检查其铅封有无损坏，表针是否指在零位。

2）压力表应在 −40~60℃、相对湿度小于 80% 的环境下使用。

3）压力表一般有英制压力单位和国际压力单位，读取压力表数值时，要选择国际单位来读取。读取压力表数值时应待表针稳定后，将目光与指针垂直，先读小数，再读整数。

知识点 3　真空泵抽真空操作

用真空泵对制冷系统抽真空的方法是用一根加氟管将真空泵的进气口与制冷系统的高压三通截止阀工艺口连接，另一根管与修理阀连接，并将修理阀开至最大，将高压三通截止阀调整到与制冷系统断开，只与修理阀导通，然后起动真空泵运行即可。待达到抽真空目的后，先将修理阀的阀门关闭，然后稍微松开修理阀的加氟管与真空泵进气口的接口，听到真空泵运行声有变化时，立即切断真空泵电源，拆下加氟管与真空泵接口，抽真空操作结束。

知识点 4　真空泵抽真空注意事项

使用真空泵抽真空时的注意事项如下：

1）放置真空泵的场地周围要干燥、通风、清洁。

2）真空泵与制冷系统连接的加氟管要尽量短一点，以避免因打折而影响使用；使用中要观察加氟管与真空泵进气口的接口处是否有漏气现象。

3）真空泵停止使用时，要将其进气口和出气口用塑胶塞塞好，以免空气与灰尘进入泵中而影响其使用；每次使用真空泵前要检查泵中的润滑油位是否符合要求，以保证其安全使用。

知识点 5 卤素检漏灯的结构及检漏原理

卤素检漏灯是制冷系统维修时经常要用到的检漏仪器。卤素检漏灯的结构由座盘、酒精筒、吸气软管、吸气管接头、火焰圈、吸风罩、调节手轮等组成，如图 2-8 所示。

卤素灯的检漏原理是：当含有 5%~10% 氟利昂气体的空气与检漏灯火焰接触时，就会分解为氟、氯元素气体，而氯气与灯内炽热的铜火焰圈接触时，便生成氯化铜气体（$Cu+Cl_2=CuCl_2$），这时火焰的颜色就会由蓝色变成绿色或紫色。泄漏量从微漏到严重泄漏，火焰的颜色相应地变化为：微绿色→浅绿色→深绿色→紫绿色。

知识点 6 卤素检漏灯的使用方法

卤素检漏灯的使用方法如下：

1）旋下底盘处的螺塞，向酒精筒中基本加满浓度为 99% 的乙醇或甲醇，然后再将底盘处的螺塞旋紧。

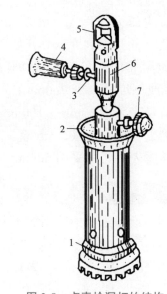

图 2-8 卤素检漏灯的结构

1—底盘 2—酒精筒 3—吸气软管
4—吸气管接头 5—火焰圈 6—吸风罩
7—调节手轮

2）先将手轮向右旋转，关紧调节阀，然后向酒精筒中倒入一点乙醇或甲醇并点燃，对酒精筒中的酒精加热，使其汽化压力升高。

3）当酒精筒内的酒精接近烧完时，将调节手轮向左转，使调节阀稍微松开，让酒精蒸气从喷嘴中喷出，并在喷嘴口立即燃烧。由于酒精蒸气形成高速射流，在喷嘴区内形成低压区，因此，与旁通孔相连的吸气管便可吸入周围空气，进行检漏了。

4）将吸气软管靠近制冷系统，无泄漏时，检灯的火焰呈淡蓝色；如遇泄漏，火焰的颜色将会随着泄漏量的不同而变化。

知识点 7 卤素检漏灯的维护保养

卤素检漏灯维护保养的方法如下：

1）灯的喷嘴孔很小（直径为 0.2mm），为防止其堵塞，一定要加入纯净的乙醇或甲醇，并在使用前用通针插入喷嘴孔中，将脏物清除，保持喷嘴畅通。

2）灯头内的铜片或铜丝必须清洁，上面的污垢和氧化物应擦除干净，以免氟利昂气体无法与炽热的铜直接接触，火焰的颜色不改变而引起检漏失误。

3）由于氟利昂气体的密度大于空气的密度，吸气管口应放在检漏部位的下方。

操作吮吸气软管，其应在检漏部位缓慢移动，使泄漏气体能被全部吸入，以便准确查出泄漏部位。当看到火焰颜色变化时，应仔细检查，以确定泄漏的位置。

4）R22遇明火时，其蒸气能分解出有毒光气，因此，检漏时若发现火焰颜色呈紫色，就要停止检漏操作，以免发生光气中毒。此时可改用其他方法检漏。

5）卤素检漏灯用毕熄灭时，不要将阀门关得过紧，以防止冷却后收缩使阀门处开裂。

卤素检漏灯检漏速度快，但检漏的灵敏度较低，可测得的气体泄漏量为300g/年。当系统泄漏严重时，采用检漏灯不但检查困难，而且明火与氟利昂接触产生光气，可能使操作人员中毒。

当系统泄漏严重，而一时又难以找到泄漏处时，可以适当提高系统压力，分段检漏。如果怀疑冷凝器内部泄漏，则可以引出排出端的冷却水，把检漏灯软管靠近冷却水出口进行检查。

由于制冷剂密度比空气密度大。因此，卤素检漏灯的橡胶管进气口应朝上，才能接受制冷剂。进气口放在被测部位至少要10s。

知识点8 电子卤素检漏仪的工作原理

电子卤素检漏仪是一种精密的氟利昂制冷系统的检漏仪器，灵敏度可达5g/年以下，灵敏度高的电子卤素检漏仪可检漏出0.5g/年左右的氟利昂的泄漏量。电子卤素检漏仪是小型冷藏库制冷系统维修时精检制冷系统是否有泄漏时要用到的检漏仪器。

电子卤素检漏仪的结构如图2-9所示。用铂丝作为阴极、铂罩作为阳极构成一个电场，通电后铂丝达到炽热状态，发射出电子和正离子，仪器的探头（吸管）借助微型风扇的作用，将探测处的空气吸入，并通过电场。如果被吸入的空气中含有卤素（如R12、R22、R134等），与炽热的铂丝接触即分解成卤化气体，电场中一旦出现卤化气体，铂丝（阴极）离子的放射量就要迅猛增加，所形成的离子流随着吸入空气中的卤素量成比例地增减。因此，可根据离子电流的变化来确定泄漏量的多少。离子电流经过放大并通过仪表显示出量值，同时发出音响信号。

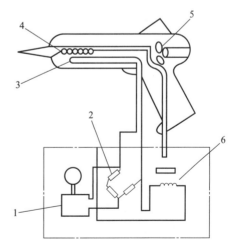

图2-9 电子卤素检漏仪的结构

1—放大器 2—电桥 3—阳极 4—阴极
5—风扇 6—变压器

知识点 9　电子卤素检漏仪的使用方法

由于电子卤素检漏仪的灵敏度很高，当进行精确检漏时，必须在空气新鲜的场所进行。电子卤素检漏仪的灵敏度是可调的，由粗检到精检分为几档。在有一定污染的环境中检漏时，可选择适当档次。

使用电子卤素检漏仪检漏时，应使探头与制冷系统被检部位保持 3~5mm 的距离，探头移动的速度不应超过 50mm/s。使用过程中应严防大量氟利昂气体吸入检漏仪，因为过量的氟利昂会对检漏仪的电极造成短时或永久性污染，使其探测的灵敏度大大降低。

知识点 10　指针式万用表的使用方法

指针式万用表的使用方法如下：

1）每次测量前应把万用表水平放置，观察指针是否停留在表盘左侧电压档的零刻度上，若指针不指零，可用螺钉旋具微调表头的机械零点螺钉，使指针指零。

2）将红、黑色表笔正确插入万用表插孔。根据被测对象（电流、电压、电阻等）的不同，将转换开关拨到需要测量的档位上，决不能放错。如果对被测对象的测量范围大小拿不准，则应先拨到最大量程档试测，以保护表头不被损坏，然后再调整到适宜的量程上进行测量，以减少测量中的误差。

3）测量直流电压或直流电流时，如果不清楚被测电路的正、负极性，可将转换开关旋钮放在最高一档，测量时用表笔轻轻碰一下被测电路，同时观察指针的偏转方向，从而判定出电路的正、负极。

4）测量时，如果不清楚所要测的电压是交流还是直流，可先用交流电压档的最高档来估测，得到电压的大概范围，再用适当量程的直流电压档进行测量，如果此时表头不发生偏转，就可判定为交流电压，若有读数则为直流电压。

5）测量电流、电压时，不能因为怕损坏表头而把量程选择得很大，正确的量程选择应该使表头指针的指示值在大于量程 1/2 的位置上，此时测量的结果误差小。

6）测量电压时，一定要正确选择档位，决不能放在电流或电阻档上，以免损坏万用表。

7）测量高阻值的元器件时，不能用双手接触电阻两端，以免将人体电阻并联到待测元器件上，造成大的测量误差。

8）测量电路中的电阻时，一定要先断开电源，将电阻一端与电路断开再进行测量。若电路待测部分有容量较大的电容存在，应先将电容放电后再测电阻。

9）测量电阻时，每改变一次量程，都应重新调零。若发现调零不能到位，应更换新电池。

10）万用表每次使用完毕后，应将转换开关旋钮换到交流电压最高档处，以防止他人误用造成万用表的损坏。若长时间不用,应将表中的电池取出,并将其放在干燥、通风处。

知识点 11 数字式万用表的使用方法

数字式万用表的使用方法如下:

1)测量电压时,将红表笔插入"V·Ω"孔内,根据直流或交流电压合理选择量程,然后将红黑两表笔与被测电路并联,即可进行测量。

2)测量电流时,将红表笔插入"mA"或"10A"插孔(根据测量值的大小),合理选择量程,然后将红、黑两表笔与被测电路串联,即可进行测量。

3)测量电阻时,将红表笔插入"V·Ω"孔内,合理选择量程,然后将红、黑两表笔与被测元器件的两端并联,即可进行测量。

4)测量 h_{FE} 值时,根据被测管的类型(PNP 或 NPN)不同,把量程开关转至"PNP"或"NPN"处,再把被测管的三只管脚插入相应的 B、C、E 孔内,此时,显示屏将显示出放大系数 β。

5)检查电路通、断时,将红表笔插入"V·Ω"孔内,量程开关转至标有"·)))"符号处,让表笔触及被测电路,若表内蜂鸣器发出声音,则说明电路导通,反之,则不通。

知识点 12 钳形电流表的使用方法

钳形电流表是测量制冷系统运行时电流值大小的专用电工仪表。用钳形电流表测量电流时,不必将其接入电路,只需将被测导线置于钳形电流表的钳口内,就能测量出导线中的电流值。

用钳形电流表测量制冷系统电路参数的操作方法如下:

被测导线夹入钳形电流表钳口后,钳口铁心的两个面应能够很好地吻合,不能让污垢留在钳夹表面。钳形电流表在使用时,只能测量电路的一根导线,不可同时钳住同一电路的两根导线。因为这两根电线的电流虽然相等,但方向相反,由于它们的磁效应互相抵消,不能在电流互感器的铁心中产生磁力线,因此电流表的读数为 0。

钳形电流表在使用时,还要注意电路的电压,一般应在低压(400V)范围内使用。

钳形电流表每次测量完毕后,应将量程转换开关放在最大量程位置。

知识点 13 绝缘电阻表使用前的准备工作

为保证绝缘电阻表的正确测量和安全使用,使用前要做的准备工作如下:

1)切断被测电器的电源,任何情况下都不准带电进行测量。

2）切断电源后，应对带电体进行放电，以确保操作者人身和设备的安全。

3）被测零件的表面应擦拭干净，以免被测零件的表面放电造成测量误差。

4）用绝缘电阻表测量被测零件前，应摇动绝缘电阻表的摇把，使其发电机的转速达到额定转速，即120r/min，绝缘电阻表的指针应指在"∞"处，然后将"L"和"E"两测试棒短接，缓慢摇动绝缘电阻表的摇把，绝缘电阻表的表针应指在"0"处。若达不到上述要求，说明绝缘电阻表有故障，应加以检修，然后才能使用。

5）绝缘电阻表使用时应放置在平稳处，以免在摇动时出现晃动。

知识点 14 　绝缘电阻表的使用方法

绝缘电阻表测量时方法正确与否，不仅关系到测量数值的准确与否，还关系到绝缘电阻表使用时自身的安全。绝缘电阻表的正确使用方法如下：

使用时要弄清楚绝缘电阻表的正确接线要求。绝缘电阻表的外壳上一般设有3个接线柱，分别标有线路（L）、接地（E）、保护线（G）记号。接线柱（L）、（E）上分别接有测试棒。测量时被测电路接L端，电器外壳、变压器铁心或电动机底座接E端。测量电缆芯与电缆外皮绝缘电阻时，将L端接缆芯、E端接电缆外皮，将芯、皮之间的绝缘材料接G端。在测量绝缘电阻以前，应先切断被测设备的电源，然后将其接地进行放电。测量时绝缘电阻表应水平放置，切断外部电源。转动绝缘电阻表摇把，将转速保持在90~150r/min，发现指针指零时就停止摇动，以指针稳定时的读数为准确测量数据。

要求绝缘电阻等级不同的电器应选用不同规格的绝缘电阻表进行测量。一般测量小型冷库电气控制系统的绝缘性能时，可采用工作电压为500V、测量范围为0~2000MΩ的绝缘电阻表。

知识点 15 　电子温度计的使用要求和方法

电子温度计是用于冷库制冷系统维修时测量制冷系统吸排气管道温度、使用环境温度、冷库内部各测试点温度的设备。

（1）电子温度计的使用要求

1）使用前应对电子温度计的满度进行调整，测温区开关放在0~30℃处，液晶屏显示出环境温度。按下校准旋钮，调整满度旋钮，使读数为30℃。根据测量温区不同，校正时也可把量程开关放在−30~0℃位置。

2）测量制冷系统表面温度时应将温度计的传感器与被测位置紧密接触，若用于测量冷库内部空气温度时应将温度计的传感器放在冷库的中间位置。

3）使用温度计时，要注意不要使其传感器与管道等部件相碰，以免造成损坏。

4）在电子温度计使用过程中若出现显示器字迹不清楚或满度不能校准的情况，应及时更换温度计的电池。

5）电子温度计不使用时，应放在干燥、阴凉通风处。

（2）电子温度计的使用方法

1）在关机状态下按"FSW"键一下开机，在开机状态下按住"POWER"键 3s 不放关机。

2）在开机状态下按"FSW"一下可切换显示室内温度、室外温度、时间。

3）在时间显示状态，按"HR"键一下，小时数向上加 1；按"MIN"键一下，分钟数向上加 1。

二、练习题

1. 精度为 2.5 级的压力表所示压力值与实际压力值的允许误差，不得超（　　）MPa。

A. 2.5×0.025　　　　B. 2.5×0.0025　　　C. 2.5×0.00025　　D. 2.5×0.000025

2. 压力表的量程应根据工作压力来选择，量程刻度的极限值应为工作压力的（　　）倍。

A. 2.5~3.5　　　　　B. 2.0~2.5　　　　　C. 1.5~3.0　　　　　D. 1.2~1.5

3. 真空压力表是制冷设备维修中不可缺少的测量仪表，它既可测量制冷系统中（　　）的低压压力，又可测量抽真空时低于 10^5Pa 的真空度大小。

A. 0.1~1.6MPa　　　B. 0~0.8 MPa　　　C. –0.1~1.6 MPa　　D. 大于 0.8MPa

4. 能够准确测量到制冷系统低压部分压力的仪表是（　　）。

A. 低压表　　　　　B. 带负压低压表　　C. 真空表　　　　　D. 高压表

5. 测定系统真空度的仪表是（　　）。

A. 正压压力表　　　B. 负压压力表　　　C. U 形压力计　　　D. 微压计

6. 放置和使用真空泵的场地周围（　　）。

A. 没有要求　　　　　　　　　　　　B. 可以潮湿有水

C. 要求没有氟利昂气体　　　　　　　D. 要干燥、通风、清洁

7. 制冷系统充注制冷剂时，可借助（　　）检漏。

A. 卤素灯　　　　　B. 浸水　　　　　　C. 肥皂水　　　　　D. 观察法

8. 在制冷设备抽真空的工作中，广泛采用（　　）。

A. 滑阀式真空泵　　　　　　　　　　B. 旋片式真空泵

C. 往复式真空泵　　　　　　　　　　D. 定片式真空泵

9. 真空泵对制冷系统抽空完毕，应（　　）。

A. 先关闭真空泵再关闭截止阀　　　　B. 先关闭截止阀再关闭真空泵

C. 使真空泵和截止阀同时关闭　　　　D. 使真空泵和截止阀随机关闭

10. 制冷系统与真空泵连接好后，应（　　）。

A. 先开真空泵，后打开系统阀

B. 先打开系统阀，再开真空泵

C. 真空泵与系统阀同时打开

D. 真空泵与系统阀的打开没有先后顺序之分

11. 真空泵长时间使用后，其润滑油因水蒸气的影响而出现（　　）。

A. 润滑油沉淀的现象　　　　　　　　B. 润滑油炭化的现象

C. 润滑油汽化的现象　　　　　　　　D. 润滑油乳化的现象

12. 制冷系统抽真空的方法中，真空度最高的是（　　）。

A. 用真空泵高压侧抽真空　　　　　　B. 用真空泵低压侧抽真空

C. 用真空泵双侧抽真空　　　　　　　D. 用真空泵复式抽真空

13. 制冷系统抽真空方法是（　　）。

A. 用真空泵高压侧抽真空　　　　　　B. 用真空泵低压侧抽真空

C. 用压缩机高压侧抽真空　　　　　　D. 用压缩机双侧抽真空

14. 在维修制冷设备使用真空泵时，应做到（　　）。

A. 开机时，先打开修理阀，后开启真空泵；停机时，先关闭真空泵，后关闭修理阀

B. 开机时，先打开修理阀，后开启真空泵；停机时，先关闭修理阀，后关闭真空泵

C. 开机时，先开启真空泵，后打开修理阀；停机时，先关闭真空泵，后关闭修理阀

D. 开机时，先开启真空泵，后打开修理阀；停机时，先关闭修理阀，后关闭真空泵

15. 用真空泵抽真空时，应做到（　　）。

A. 管道要长，不要有弯头　　　　　　B. 管道要长，可有弯头

C. 管道要短，不要有弯头　　　　　　D. 管道要短，可有弯头

16. 测量制冷系统内制冷剂是否过多的仪器可以是（　　）。

A. 钳形电流表　　　B. 点温计　　　C. 示波器　　　D. 数字式万用表

17. 选用温度测量仪表，正常使用的温度范围一般为量程的（　　）。

A. 10%～90%　　　B. 20%～90%　　　C. 30%～90%　　　D. 20%～80%

18. 选用压力测量仪表对变化的压力进行测量，其测量范围应为测量定值的（　　）倍。

A. 1 倍　　　　　　B. 2 倍　　　　　　C. 3 倍　　　　　　D. 4 倍

19. 使用维修仪表前不需检查仪表的（　　）。

A. 测量精度　　　B. 操作规程　　　C. 电池电压　　　D. 测量范围

20. 测量绝缘电阻时，顺时针由慢到快地摇动绝缘电阻表手柄，（　　），均匀摇动，待指针稳定后，即可读数。

A. 转速达到 120r/min　　　　　　B. 转速达到 60r/min

C. 转速达到 80r/min　　　　　　　D. 转速达到 40r/min

21. 检查绝缘电阻表是否良好，使用的方法是（　　　）。

A. 将 L、E 端断路，摇绝缘电阻表，示值应为 0；将 L、E 端短路，轻摇绝缘电阻表，示值应为 0

B. 将 L、E 端断路，摇绝缘电阻表，示值应为 0；将 L、E 端短路，轻摇绝缘电阻表，示值应为 ∞

C. 将 L、E 端断路，摇绝缘电阻表，示值应为 ∞；将 L、E 端短路，轻摇绝缘电阻表，示值应为 0

D. 将 L、E 端断路，摇绝缘电阻表，示值应为 ∞；将 L、E 端短路，轻摇绝缘电阻表，示值应为 ∞

22. 钳形电流表用于（　　　）。

A. 在切断电源的情况下测量直流电流

B. 在切断电源的情况下测量交流电流

C. 在不切断电源的情况下测量直流电流

D. 在不切断电源的情况下测量交流电流

23. 测量三相电流时，开启钳口，将（　　　）钳入钳口内。

A. 一根导线　　　　B. 三根导线　　　　C. 二根导线　　　　D. 四根导线

24. 钳形电流表是专门用于测量（　　　）的电工仪表。

A. 直流高电压　　　　B. 直流大电流　　　　C. 交流大电流　　　　D. 交流高电压

25. 指针式万用表的表头是关键部件，一般（　　　）。

A. 用几十毫安的磁电式电流表作为表头

B. 用几十毫伏的磁电式电压表作为表头

C. 用几十微安的磁电式电流表作为表头

D. 用几十微伏的磁电式电压表作为表头

26. 指针式万用表的灵敏度、准确性等性能，都取决于（　　　）。

A. 表头形状　　　　B. 表笔类型　　　　C. 电池型号　　　　D. 表头性能

27. 常用的指针式万用表一般用来测量电阻、直流电压、直流电流和（　　　）。

A. 交流电压　　　　B. 电压相位　　　　C. 功率因数　　　　D. 三相功率

28. 使用万用表测量高阻值的电阻时，不要用手去接触电阻两端，以免将（　　　），而产生误差。

A. 人体电容并联到待测电阻上　　　　B. 人体电容串联到待测电阻上

C. 人体电阻并联到待测电阻上　　　　D. 人体电阻串联到待测电阻上

29. 若不清楚被测交流电压值的大概范围，首先用万用表上的（　　　）预测，然后再改用适当的量程测量。

A. 最大直流电压档位   B. 最小交流电压档位

C. 最小直流电压档位   D. 最大交流电压档位

30. DT809C 型数字式万用表，可测量交、直流电压，交、直流电流，电阻，（ ）等多种电量。

A. 温度和电感   B. 电容和频率   C. 频率和温度   D. 电容和温度

31. 下列叙述中正确的是（ ）。

A. 数字式万用表测量原理与指针式万用表不同，两者结构和使用方法相同

B. 数字式万用表测量原理与指针式万用表相同，两者结构和使用方法相同

C. 数字式万用表测量原理与指针式万用表不同，两者结构和使用方法不同

D. 数字式万用表测量原理与指针式万用表相同，两者结构和使用方法不同

32. 测量小型制冷系统电气设备的绝缘电阻，应选用（ ）绝缘电阻表。

A. 1000V   B. 5000V   C. 2500V   D. 500V

33. 电子温度计以（ ）作为温度传感元件，性能稳定且显示滞后性小。

A. 铜电阻或集成电路   B. 铜电阻或晶体管

C. 铜电阻或集成电路   D. 热敏电阻、晶体管或集成电路

34. 使用电子温度计时，要正确放置传感器的位置，（ ）。

A. 测量物体温度，传感器应紧密接触物体；测量空间温度，传感器放应在空间中央

B. 测量物体温度，传感器应放在物体中央；测量空间温度，传感器应紧密接触墙壁

C. 测量物体温度，传感器应放在物体中央；测量空间温度，传感器应放在空间中央

D. 测量物体温度，传感器应紧密接触物体；测量空间温度，传感器应紧密接触墙壁

35. 电子温度计存放时，应避免（ ）。

A. 常温、高湿环境   B. 常温、低湿环境

C. 高温、高湿环境   D. 高温、低湿环境

36. 使用中的电子温度计，若出现（ ），应及时更换电池。

A. 显示不清楚   B. 晶体管温度传感器损坏

C. 热敏电阻温度传感器损坏   D. 铂电阻温度传感器损坏

37. 卤素灯检漏仪是以乙醇为燃料的喷灯，靠鉴别（ ）来判别制冷剂泄漏量的大小。

A. 火焰的颜色   B. 火焰的长短   C. 火焰的亮度   D. 火焰的温度

38. 卤素灯检漏仪的灵敏度较低，它的灵敏度为（ ）。

A. 5g/ 年   B. 100g/ 年   C. 300g/ 年   D. 30g/ 年

39. 卤素灯检漏仪靠鉴别火焰的颜色来判别制冷剂泄漏量的大小。火焰颜色若是
（　　　），则表示制冷剂严重泄漏。

A. 浅红色　　　　　　B. 浅绿色　　　　　　C. 无色　　　　　　D. 紫绿色

40. 使用电子卤素检漏仪，应做到探头要保持清洁、干燥，避免灰尘、油污，
（　　　）。

A. 不要撞击传感器，且不可随意拆卸　　　B. 不要撞击传感器，但可以随意拆卸

C. 可撞击传感器，且可以随意拆卸　　　　D. 可撞击传感器，但不可随意拆卸

41. 使用中的电子卤素检漏仪的传感器灵敏度会逐渐降低，其寿命一般为
（　　　）。

A. 500~600 工作时　　　　　　　　　　B. 900~1000 工作时

C. 3000~5000 工作时　　　　　　　　　D. 9000~10000 工作时

42. 电子卤素检漏仪工作时，探头一旦接近漏源（　　　）。

A. 报警喇叭声音频率变慢，检漏指示灯逐渐变亮

B. 报警喇叭声音频率变慢，检漏指示灯逐渐变暗

C. 报警喇叭声音频率加快，检漏指示灯逐渐变亮

D. 报警喇叭声音频率加快，检漏指示灯逐渐变暗

43. CLD-100 型电子卤素检漏仪的电源电压为（　　　）V。

A. 220　　　　　　B. 36　　　　　　C. 6　　　　　　D. 3

44. CLD-100 型电子卤素检漏仪的灵敏度为（　　　）g/h。

A. 1　　　　　　B. 2　　　　　　C. 3　　　　　　D. 4

三、参考答案

1. A	2. C	3. C	4. B	5. C	6. D	7. A	8. B
9. B	10. A	11. D	12. D	13. B	14. D	15. C	16. A
17. C	18. D	19. B	20. A	21. C	22. C	23. A	24. C
25. C	26. D	27. A	28. C	29. D	30. D	31. C	32. D
33. D	34. A	35. C	36. A	37. A	38. C	39. D	40. A
41. B	42. C	43. C	44. C				

理论模块 7　制冷设备维护知识

一、核心知识点

知识点 1　制冷系统吹污

制冷系统经过安装或维修后，其内部难免有焊渣、铁锈、氧化皮等杂质留在系

统内，如果不清除干净，制冷装置在运行时，会使阀门阀芯受损；这些杂质经过气缸，会使气缸的镜面"拉毛"；这些杂质经过膨胀阀、毛细管和过滤器等处时，还会发生堵塞；污物与制冷剂、润滑油发生化学反应还会导致腐蚀。为此，在制冷装置试运转前必须对系统进行仔细吹污清洁。

对制冷系统进行吹污时要将制冷系统的所有与大气相通的阀门都关闭，不与大气相通的阀门应全部开启。

制冷系统吹污操作步骤如下：

1）将压缩机高压截止阀备用孔道与氮气瓶之间用耐压管道连接好，把干燥过滤器从系统上拆下，打开氮气瓶阀，用 0.6MPa 表压力的氮气吹入系统的高压段，待充压至 0.6MPa 表压以后，停止充气。然后将木塞迅速拔去，利用高速气流将系统中的污物排出。用一张白纸放在出气口检测有无污物，若白纸上较清洁，表明随气体冲出的污物已无，可停止吹污。

2）将压缩机低压截止阀备用孔道与氮气瓶之间用耐压管道连接好，仍用干燥过滤器接口作为检测口，打开氮气瓶阀，用 0.6MPa 表压力的氮气吹入系统的低压段，仍将白纸放在出气口检测有无污物。确认无无污物后，吹污过程方可结束。

知识点 2 制冷系统残留油污、杂质的吹除

在制冷系统全面检修时，需要将系统中残留的油污、杂质等吹除干净。为了使油污溶解，便于排出制冷系统管道，在对制冷系统进行残存的油污、杂质等进行吹除时，可将适量的三氯乙烯灌入制冷系统，过 4h 且油污溶解后，再用压力为 0.5~0.6MPa 的压缩空气或氮气按吹污操作步骤进气吹污。由于三氯乙烯对人体有害，因此，要注意室内通风，人员要适当远离排污口。

知识点 3 水冷式冷凝器除垢

水冷式冷凝器使用的冷却水中带有各种杂质，长期使用会在管壁内积存水垢，阻碍冷却水的传热效果和流速。因此，一般壳管式冷凝器在使用两三年后，必须进行一次除垢工作。对于使用深井水、山泉水的地区，应每年进行一次除垢工作。

知识点 4 拉刷法清除水冷式冷凝器水垢

将水冷式冷凝器两端的端盖打开并卸下，把直径与冷凝器管子内径相近的圆柱螺旋形钢丝刷的两边栓上钢丝绳，送入管道内。然后操作者在冷凝器的两边分别拽住钢丝绳的一端，反复拉刷，边刷边用压力水清洗。之后，再用接近水管内径尺寸的圆钢棒，在棒头绑上棉丝对冷凝器管内壁反复清擦，直到干净为止。拉刷法清洗冷凝器管内壁水垢方法的特点是：工具简单、劳动强度大，适用于中小型氟利昂制冷设备。

知识点 5 滚刮法清除水冷式冷凝器水垢

滚刮法又称为机械除垢法，这种方法是将水冷式冷凝器两端的端盖打开并卸下，用特制刮刀连接在软轴上，软轴与电动机连接起来。除垢时将刮刀插入冷凝器管道内，开动电动机进行滚刮，同时用水冷却刮刀并冲洗管内污垢，其效果较好。

滚刮法除垢的具体操作方法如下：

1）将冷凝器中的制冷剂抽出。

2）关闭冷凝器与制冷系统连接的所有阀门。

3）冷凝器的冷却水正常供给。

4）用软轴洗管器连接的伞形齿轮状刮刀在冷凝器的立管内由上而下地进行旋转滚刮除垢，并借助循环冷却水来冷却刮刀与管壁摩擦产生的热量，同时将清除下来的水垢、铁锈等污物冲洗入水池。机械除垢是用软轴洗管器对钢制冷却管的冷凝器进行除垢的方法，特别适用于卧式壳管式冷凝器。这种方法只适用于钢制冷却水管道，不适用于铜制冷却水管道。

在除垢过程中，根据冷凝器的结垢厚度和管壁的锈蚀程度及已使用的年限长短来确定滚刀的直径，但第一遍除垢时所选用的滚刀直径比冷却管内径要适当小一些，以防损伤管壁，然后再选用与冷却管内径接近的滚刀进行第二遍除垢，经过两遍除垢就能清除冷凝器 95% 以上的水垢和污锈。这种机械除垢的方法是利用滚刀在冷却管内旋进时的转动和振动，将冷凝器冷却管中的水垢和污锈等清除掉，待除垢结束后将冷凝水池中的水全部抽掉，从池底把清除下来的垢、锈等污物清理干净，并重新向池内注水。

知识点 6 清洗风冷式冷凝器的方法

（1）对脏堵塞风冷式冷凝器的清洗

1）先用铁丝钩将冷凝器翅片中的杂物清理出来。

2）用高压气源或手提式鼓风机对翅片间隙中的污垢进行清洗。

（2）对油污堵塞风冷式冷凝器的清洗

1）先用铁丝钩将冷凝器翅片中的杂物清理出来。

2）在风冷式冷凝器下部铺垫好收集废清洗液的容器。

3）将准备好的清洗液装入喷壶中，调节好喷嘴的大小，采用细喷嘴进行喷淋。

4）喷匀一遍清洗液后，静止 5min，再将喷壶中的清洗液换成清水，再均匀地喷洗一遍。

5）再静止 5min 以后，检查一遍，看一下是否还有污垢，若有则喷一遍清洗液，若没有就可以认为清洗干净了。

6）用高压气源或手提式鼓风机对翅片间隙中进行吹干处理，防止机组因受潮而造成绝缘故障。

知识点 7 活塞式压缩机的工作容积

活塞式压缩机的工作容积是指活塞移动一个行程时在气缸内所扫过的容积，用符号 V_g 表示，即

$$V_g = \frac{\pi D^2 S}{4}$$

知识点 8 活塞式压缩机的余隙容积

活塞式压缩机的余隙容积是指活塞处在上止点时，为了防止活塞顶部与阀板、阀片等零件撞击，并考虑热胀冷缩和装配允许误差等因素，活塞顶部与阀板之间必须要留有一定的间隙，这个间隙的直线距离称为直线（线性）余隙，直线余隙与气缸壁之间所包含的空间（包括排气阀孔容积）称为余隙容积，用符号 V_c 表示。

知识点 9 余隙容积的作用

活塞式压缩机设计余隙容积的目的是保证压缩机能够安全运行，其原理如下：

1）活塞做往复运动时，由于摩擦和压缩气体时产生热量，使活塞受热膨胀，产生径向和轴向的伸长，为了避免活塞与气缸端面发生碰撞及活塞与缸壁卡死，要用余隙容积来消除这一故障隐患。

2）压缩机在实际运行过程中，有可能吸入微量的制冷剂湿蒸气或润滑油，压缩机设计余隙容积可防止其产生"液击"现象。

3）由于压缩机制造精度及零部件组装与具体要求总有一定偏差，运动部件在运动过程中可能出现松动，使结合面间隙增大，部件总尺寸增长。有关气阀到气缸容积的通道所形成的余隙容积，因气阀布置需要而难以避免。在压缩机工作时，余隙容积使进气阀吸入的气体体积减小，相应排气量降低，所以在设计压缩机的气缸时，要预先考虑到余隙容积对排气量的影响。

知识点 10 活塞式压缩机相对余隙容积

活塞式压缩机余隙容积与气缸工作容积之比称为活塞式压缩机相对余隙容积，用符号 C 表示，即 $C = \dfrac{V_c}{V_g}$

世界多国活塞式制冷压缩机的相对余隙容积一般取 2%~6%，我国系列制冷压缩机的 C 值为 2%~4%。

知识点 11 制冷系统启动前的准备工作

制冷系统经过安装、拆装修复或较长时间停用而重新使用时，需要人工启动。

在人工启动前，应做好如下必要的准备工作：

1）检查压缩机与电动机各运转部位有无障碍物，对于开启式活塞式压缩机要扳动带轮或联轴器转 2~3 圈，检验其是否有卡死现象。

2）观察活塞式压缩机曲轴箱中的润滑油油面是否在视液镜中间或偏上的位置，否则应予以补充润滑油。

3）通过储液器的液面指示器观察制冷剂的液位是否正常，一般要求液面高度应在视液镜的 1/3~2/3 处。

4）接通电源，检查电源电压是否在正常范围。

5）检查各压力表的阀门是否已打开，各压力表是否灵敏准确，对已损坏者予以更换。

6）开启压缩机排气阀及高、低压系统有关阀门。但压缩机吸入阀和储液器出液阀可暂不开启。

7）开启冷却水泵（冷凝器冷却水、气缸冷却水、润滑油冷却水等）。对于风冷式机组，开启风机运行。

8）调整压缩机高、低、油压控制器及各温度控制器的给定值（一般 R22 高压为 1.6~1.9MPa）。装置所有安全控制设备，应确认状态良好。

9）检查制冷循环系统管路，看有无制冷剂泄漏现象。冷却水系统各阀门及管道接口也不得有严重漏水现象。

知识点 12 制冷系统运行过程中的巡视内容

制冷系统启动工作完成以后，即可转入自动运转。在其运行过程中操作人员应在以下几个方面做定期巡视检查工作。

1）运转中压缩机不应有局部激热，制冷系统各连接处不应有油渍（开启式压缩机轴封处允许有少量渗油现象）。

2）运转中压缩机的排出压力和温度：压缩机吸、排气压力是判断系统工作是否正常的重要依据。冷库制冷装置多数为水冷冷凝器，考虑水的温度变化（夏季最高为 28~33℃）其冷凝温度多在 25~35℃，故其压缩机的排气压力一般数值为：R22 是 1.6~1.9MPa，最高不超过 2.0MPa。对于风冷冷凝器，随冷凝温度的提高其冷凝压力也允许相应提高一定数值，但冷凝温度一般不应超过 40℃，最高排气压力不应超过 1.5MPa。压缩机排气压力过高，必然造成排气温度高，而排气温度过高，又将恶化压缩机的润滑，影响运转安全。因此，国家标准对活塞式制冷压缩机做了最高排气温度不超过 150℃（R22）的规定。

3）压缩机的吸入压力与温度：通常把压缩机的吸入压力近似地看作制冷剂的蒸发压力，与此压力相应的饱和温度即为蒸发温度。在直接冷却系统中，通常要求蒸发温度比冷库保持温度低 5~10℃，所以蒸发温度为 –25℃的情况下，就能满足 –15~

-20℃的库温要求。在装置运转过程，保证吸入表压力在 0MPa 以上是必要的。

4）压缩机的润滑：润滑是压缩机正常运转的基本条件。小型冷库制冷系统的压缩机借助曲轴和连杆大头在曲轴箱下部的油槽里产生激烈的搅动而造成飞溅，气缸镜面上受到飞溅油而润滑活塞、活塞销及连杆小头衬套。主轴承上部有一集油环，收集飞溅的油去润滑主轴承及主轴颈。连杆大头因浸在油中而有较好的润滑。此外，还应注意曲轴箱内油位变化。曲轴箱内的油温规定：开启式压缩机不超过 70℃，封闭式压缩机不超过 80℃。

5）制冷系统运转过程中，应经常检查自动控制元件工作与指示是否正常。

6）制冷系统运转过程还须检查各冷库降温、保温及低温冷库蒸发器结霜情况。

知识点 13 闭合电源开关后压缩机不起动的处理

造成闭合电源开关后压缩机不起动的原因大致如下：

1）电源断电或熔丝接触不良、烧断。

2）起动器触头接触不良。

3）温度控制器失调或发生故障。

4）压力继电器的调整不当。

遇到闭合电源开关后压缩机不起动时，解决方法如下：

1）检查电源及熔丝。

2）检查起动器，用纱布擦净触头。

3）检查温度指示位置，检查各元件是否正常。

4）检查压力继电器各元件或调定值。

知识点 14 制冷系统运行中跳闸的原因及处理

制冷系统运行一段时间就跳闸的原因大致如下：

1）制冷管路出现堵塞，造成高压压力过高，压缩机电动机因过载保护而跳闸。

2）制冷压缩机电动机内部断相或电源断相都会造成电动机断相保护起动开关跳闸。

3）保护装置出现问题，如过电流保护电流值的设定及电动机起动相对延时时间的设定不合适，交流接触器触头某相接触不良或开路。此外，制冷系统不能在短时间内连续启动，因为制冷系统的高低压侧的压力在没有达到相对平衡时，起动制冷造成电动机过载或过电流保护装置动作。

遇到制冷系统运行一段时间就跳闸时处理方法如下：

1）检测制冷系统高压管道是否有压瘪之处，干燥过滤器是否堵塞。若发现问题要及时予以处理。

2）用万用表测量压缩机电动机绕组是否有内部断路，若有则更换电动机；用电压表测量电源是否断相，要确认电源无问题。

3）检测压缩机电动机保护装置是否正常，若发现有问题部件，应予以更换。

知识点 15 活塞式压缩机高低压串气的原因及特征

活塞式压缩机气缸盖的密封垫中部条筋的作用是将压缩机的吸排气腔隔离密封。在压缩机运行过程中，密封垫所承受的压力有时会比压缩机其他部位的压力都大，很容易被击穿。一旦密封垫被击穿，就会发生压缩机高低压串气现象，使压缩机不能正常工作。

活塞式压缩机高、低压串气最明显的特征是压缩机吸气压力过高，排气压力偏低，吸排气压力之间的压差很小。压缩机气缸盖整体很热，压缩机两端的截止阀也比较热。

知识点 16 活塞式压缩机高低压串气的处理

遇到活塞式压缩机高低压串气故障时，应停止压缩机运行，关闭压缩机两端的截止阀，然后从高压截止阀备用通道口放出压缩机内部存留的制冷剂蒸气，拆下气缸盖，取下被击穿的密封垫，更换新密封垫。重新装好压缩机气缸盖，起动压缩机，用压缩机自身的排气能力将曲轴箱内的空气抽空。抽空结束后，停止压缩机运转，用丝堵拧在高压截止阀备用通道口上，然后将压缩机两端的截止阀调节成开启状态，用肥皂水检查压缩机气缸盖周围是否泄漏，确认良好之后，重新起动压缩机即可。

知识点 17 压缩机阀片变形或断裂的原因及处理

（1）压缩机阀片变形或断裂的原因

1）由于压缩机运行中出现"液击"造成其阀片变形或断裂。

2）阀片装配不正确，造成变形或断裂。

3）阀片质量太差，造成变形或断裂。

（2）处理方法 更换合格的新阀片；调整压缩机运行操作，避免出现"液击"现象。

知识点 18 压缩机运行时轴封是否有问题的观察方法

对于开启式压缩机轴封，在平时运行时可以用观测轴封滴油速度的方法来判断其是否有问题，若 1h 超过 10 滴，说明其密封橡胶圈因老化、干缩变形，丧失弹性和密封性了，要进行更换。

知识点 19 压缩机轴封严重漏油的处理

压缩机轴封出现严重漏油的原因有许多，如压缩机轴封装配不良；动环与静环摩擦面拉毛；橡胶密封圈变形；轴封弹簧变形、弹力减弱；曲轴箱压力过高等。这些问题的解决方法是：正确装配压缩机轴封；检查校验压缩机轴封密封面；更换密封圈；更换弹簧；检修排气阀泄漏故障，停机前关闭吸气截止阀，待曲轴箱内压力与外界压力相等时，再停止压缩机运行，防止因停机过程中曲轴箱压力过高挤压轴封，造成漏油。

知识点 20 交流接触器通电后不动作或动作不正常的原因及处理

交流接触器线圈通电后，接触器不动作或动作不正常的主要原因是线圈控制电路断路；热继电器动作后未复位；触头弹簧压力或释放弹簧压力过大。进行维护处理时，先看一下接线端子有没有断线或松脱现象，如有断线应更换相应的导线，如有松脱可紧固相应的接线端子。用万用表测线圈的电阻，如电阻为无穷大，应更换其线圈。

知识点 21 交流接触器断电后，触头不释放或延时释放的原因及处理

交流接触器线圈断电后，接触器不释放或延时释放的主要原因是磁系统中柱无气隙，剩磁过大；铁心表面有油腻。进行维护处理时，可用细砂纸将剩磁间隙处的极面打磨一下，使间隙为 0.1~0.3mm，或在线圈两端并联一只 0.1μF 电容器。

对铁心表面有油脂的问题，可用干净的毛巾，蘸上肥皂水将铁心表面防锈油脂擦干净。铁心表面要求平整，但不宜过于光滑，否则易于造成延时释放。

知识点 22 交流接触器工作中过热的处理

交流接触器工作中能闻到一股电器过热的焦煳味，主要原因是接触器的铁心吸合不好，使线圈过热，产生焦煳味或触点接触不实产生过热现象，发出焦煳味。维护处理时，可拆开接触器用细砂纸打磨铁心接触面和触头接触面，使其平滑，然后重新组装好即可。

二、练习题

1. 吹污法是对（　　　）常用的清除污垢方法。

A. 水冷壳管式冷凝器　　　　　　　　B. 风冷翅片式冷凝器

C. 水冷立式冷凝器　　　　　　　　　D. 蒸发式冷凝器

2. 用特制刮刀刮削管壁内表面的方法清除壳管式蒸发器积垢，适宜的管材是（　　　）。

A. 钢材　　　　　B. 铝材　　　　　C. 纯铜材　　　　　D. 黄铜材

3. 在自动节流装置中，不属于热力膨胀阀的故障是（　　　）。

A. 冰堵　　　　　B. 脏堵　　　　　C. 浮球泄漏　　　　D. 感温包泄漏

4. 测量低于大气压力的制冷剂压力时，采用的是（　　　）。

A. 气压实验台　　　　B. 压力真空表　　　C. 压力表　　　　D. 测压计

5. 压力表量程的选择应在稳定负荷下，不超过压力表刻度的（　　　）。

A. 1/2　　　　　　　B. 1/3　　　　　　C. 2/3　　　　　　D. 3/4

6. 若压力表盘的最大标尺为 1.96MPa，则制冷剂的压力测量范围不应超过（　　　）MPa。

A. 0.98　　　　　　B. 0.65　　　　　　C. 1.46　　　　　D. 1.96

7. 检修安全阀后，应当用（　　　）进行校验。

A. 油压校验台　　　　B. 气压校验台　　　C. 流量实验台　　　D. 空气压缩机

8. 以下关于制冷设备安装的说法，错误的是（　　　）。

A. 制冷设备安装前必须对有关技术资料进行审定

B. 制冷设备安装时使用的量具符合规定精度等级

C. 制冷设备安装时吊装机具要保证相应负荷能力

D. 制冷设备安装时的基本依据是现行的企业标准

9. 活塞式制冷压缩机组分为整台成套和分组成套机组，整台成套机组是将（　　　）。

A. 制冷压缩机和冷凝器作为一组安装在一个公共底座上，蒸发器作为另一组

B. 制冷压缩机和蒸发器作为一组安装在一个公共底座上，冷凝器作为另一组

C. 制冷压缩机、冷凝器和蒸发器安装在一个公共底座上

D. 制冷压缩机和蒸发器作为一组安装在一个公共底座上

10. 活塞式制冷压缩机组分为分组成套机组和整台成套机组，分组成套机组是将（　　　）。

A. 制冷压缩机和蒸发器作为一组安装在一个公共底座上

B. 制冷压缩机、冷凝器和蒸发器安装在一个公共底座上

C. 制冷压缩机和蒸发器作为一组安装在一个公共底座上，冷凝器作为另一组

D. 制冷压缩机和冷凝器作为一组安装在一个公共底座上，蒸发器作为另一组

11. 制冷设备的试运转项目一般包括（　　　）。

A. 试压和检漏　　　　　　　　　　B. 试真空和检漏

C. 试压、试真空和检漏　　　　　　D. 吹污、试压、试真空和检漏

12. 氟利昂制冷设备的试压可以用（　　　）。

A. H_2 或 CO_2　　　　　　　　　　B. O_2 或 CO

C. N_2 或干燥压缩空气　　　　　　D. 空气或 CO

13. 关于氟利昂活塞式制冷压缩机正常运转的叙述，不正确的是（　　　）。

A. 制冷压缩机的吸气温度比蒸发温度高 5~10℃

B. 制冷压缩机的排气温度不得超过 110℃

C. 油压应比吸气压力高 0.1~0.3MPa

D. 曲轴箱的油温不超过 70℃

14. （　　）不会引起活塞式制冷压缩机阀片断裂的故障。

A. 装配不当　　　　　　　　　　　B. 阀片质量差

C. 曲轴箱压力低　　　　　　　　　D. 制冷压缩机液击

15. 制冷系统用的高低压控制器，其非高压手动复位的型号不需要整定的参数是

（　　）。

A. 高压侧动作值　　　　　　　　　B. 高压侧差动值

C. 高压侧极限值　　　　　　　　　D. 低压侧动作值

16. 交流接触器断电后，要延迟几秒才能释放，其原因是（　　）。

A. 负荷过大　　　B. 电压过高　　　C. 衔铁有油　　　D. 温度过高

17. 由于（　　）质量原因，在温度偏离调定值时动作，造成停机。

A. 温度控制器　　B. 压力控制器　　C. 液位计　　　　D. 流量计

18. 当排气压力超过高压压力调定值时，压力继电器动作，造成（　　）。

A. 停机　　　　　　　　　　　　　B. 库温下降

C. 冷凝压力上升　　　　　　　　　D. 中间压力下降

19. 由于冷凝器冷却水断水，水流继电器动作，制冷系统（　　）。

A. 加速运行　　　B. 停止运行　　　C. 继续运行　　　D. 间歇运行

20. 当压缩机（　　）高于溢流阀的起跳值时，溢流阀动作卸压。

A. 油泵压力　　　B. 真空压力　　　C. 排气压力　　　D. 回气压力

21. 压缩机曲轴主轴套与（　　）的间隙太小，运行中易发生"抱轴"事故。

A. 十字轴　　　　B. 偏心轴　　　　C. 主轴颈　　　　D. 连杆

22. 排气压力没有超过调定值，但由于压力继电器中的（　　）质量问题也会造成停机。

A. 常闭触头　　　B. 常开触头　　　C. 微动开关　　　D. 断路器

三、参考答案

1. B　　2. A　　3. C　　4. A　　5. C　　6. C　　7. A　　8. D

9. C　　10. C　　11. D　　12. C　　13. B　　14. C　　15. C　　16. C

17. A　　18. A　　19. B　　20. C　　21. C　　22. C

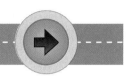

第三部分
操作技能考核指导

Chapter 3

· 实训项目内容

1）制冷系统基本运行参数的调整。

2）制冷系统辅助设备的调整。

· 技能要求

1）掌握蒸发温度、冷凝温度的调整。

2）掌握排气温度、吸气温度的调整。

3）掌握油压及油压差的调整。

4）掌握时间继电器的调整。

5）掌握温度控制器的调整。

实训项目 1　制冷系统基本运行参数的调整

· 考核目标

制冷装置是一个密闭系统。制冷剂在制冷系统中的运行情况是通过系统中的压力和温度来反映的，就是运行参数。主要运行参数包括蒸发压力、蒸发温度、冷凝压力、冷凝温度、排气温度和吸气温度等。

1）根据生活或生产工艺负荷及蒸发器的形式不同调整蒸发温度。

2）根据冷凝器的型号不同及冷凝器的冷却方式不同调整冷凝温度。

3）排气温度和吸气温度，冷凝温度，蒸发温度和制冷剂本身性质有关，调整排气温度。

4）一个稳定运行的制冷系统，如果吸气温度发生变化，那么节流阀的开启程度发生了变化，或者为了适应外界负荷变化，制冷剂流量发生了变化。此时应对吸气温度进行调整。

· 考核重点

参数调整知识和操作能力。

·考核难点

参数调整知识和操作能力。

·试题样例

试题：制冷系统运行参数调整的操作

1. 本题分值：100 分

2. 考核时间：2h

3. 考核要求

1）根据制冷系统运行情况及具体参数要求确定调整方法。

2）完成参数调整操作，使制冷系统正常运行。

3）安全文明操作。

4. 准备要求

（1）考生准备　考生准备见表 3-1。

表 3-1　考生准备

名称	规格	单位	数量	备注
签字笔	黑色	支	1	无特殊要求

（2）考场准备

1）设备准备：见表 3-2。

表 3-2　设备准备

设备名称	规格	单位	数量	备注
压缩式制冷系统	不限	套	1	

注：1. 活塞式、螺杆式、离心式机组均可。

　　2. 氨制冷机组或氟利昂机组均可。

　　3. 水冷式冷凝器或风冷式冷凝器均可。

2）工具、仪表、量具和材料准备：见表 3-3。

表 3-3　工具、仪表、量具和材料准备

序号	名称	规格	单位	数量	备注
1	温度计	不限	个	1	与测量相应
2	压力表	不限	块	各1	高压、低压、表阀
3	水流量计	不限	块	1	
4	风速仪	不限	台	1	
5	棘轮扳手	不限	把	1	
6	螺钉旋具	十字槽、一字槽	把	各1	
7	充注管	与表阀匹配	根	3	3色各1根
8	劳保用品	普通和氨防护	套	各2	

注：仪器仪表准确，工具能正常使用。

5. 评分标准

制冷系统基本运行参数调整操作技能评分表见表3-4。

表 3-4　制冷系统基本运行参数调整操作技能评分表

设备编号：　　　　　　　　　　　　　　　　　考核时间：2h

序号	考核内容	考核标准	评分标准	配分	扣分	得分
1	蒸发、温度的调节	测量压力表连接正确	测量压力表连接不正确扣6分	6		
		外界冷负荷增大，蒸发压力上升时采取措施正确	没有增加压缩机的运行台数或缸数每项扣4分	8		
		蒸发器外表面结霜或蒸发器内存油过多时采取措施正确	除霜或除油不正确每项扣4分	8		
		在氟系统中对热力膨胀阀正确调节	对热力膨胀阀不调节或调节不正确每项扣4分	8		
2	冷凝温度的调节	水冷式冷凝器水量测量风冷式冷凝器风量测量	测量方法不正确扣6分	6		
		水冷式冷凝器水温测量风冷式冷凝器风速测量	测量仪表选择使用不正确扣6分	6		
		水冷式冷凝器水量调节风冷式冷凝器风量调节	调节不正确扣8分	8		
		水冷式冷凝器水温调节风冷式冷凝器风速调节	调节不正确扣8分	8		
3	排气温度的调节	调节吸气温度实现排气温度正常	调节不正确扣6分	6		
		调节蒸发温度实现排气温度正常	调节不正确扣6分	6		
		调节冷凝温度实现排气温度正常	调节不正确扣6分	6		
		调节制冷剂供液量实现排气温度正常	调节不正确扣6分	6		
4	吸气温度的调节	热力膨胀阀的开启度调节	调节不正确扣8分	8		
		检查吸气管路是否过长，或者吸气管路保温不善，是否遭到破坏	检查或排除不正确，每项扣4分	8		
5	安全文明生产	安全文明操作，做好善后工作	不按要求扣2分	2		
备注	1）操作时间超过规定时间2min扣1分，超过4min扣2分 2）造成人身、设备、环境安全事故，立即停止操作，成绩不及格		合计	100		
			考评员签字		年　月　日	
			考评员签字		年　月　日	

评分人：　　　　　　年　月　日　　　　　核分人：　　　　　　年　月　日

6. 参数调整难点分析

1）测量系统内的压力，水冷式冷凝器水量、水温，风冷式冷凝器风速、风量无误，提供数据准确。

2）设备本身带有的温度计完好，提供数据准确。

3）系统内热力膨胀阀完好，调节精确，调节阀杆到最后，每 1/8~1/4 圈都要仔细测量并观察制冷剂流量变化，系统内蒸发压力、蒸发温度、冷凝压力、冷凝温度、排气温度、吸气温度和吸气压力的变化及其具体数值。

4）最终使各参数值在正常、合理的范围内。

7. 安全操作规程

1）保持操作场地周围清洁，绝不能有与考核无关的物品，尤其是易燃易爆物品，现场无明火，电源电器与设备保持安全距离；现场设有安全警戒线和灭火器。

2）考生在操作前，掌握本职工作的安全知识，提高安全技能；考生在操作中，应当严格遵守本场地的安全生产规章制度和操作规程，服从管理，穿工作服，正确佩戴和使用劳动防护用品；考生发现事故隐患或其他不安全因素时，应当立即向现场考评人员和安全员报告。

3）用电前，一定先检查电源、插座、插头是否漏电，是否有接地线，电压是否符合要求，是否接触牢固等。

4）氮气瓶充满时的压力为 15MPa，氮气必须经减压阀再接到压缩机的多用孔道上或高压管路的充注阀上。

5）使用制冷剂，必须熟悉各种制冷剂特性，包括环保要求，环保指标 ODP 和 GWP，还要特别掌握制冷剂安全操作程序及应急处置方法。

6）实操考核过程中，损坏设备、仪器仪表、工具应赔偿。

7）对不服从管理，违反安全操作规程的，考评人员视情节轻重酌情处置，直至取消考核资格。

8）考生要文明操作，考核结束，清洁设备，整理工具、材料，清理场地，切断电源、气源，离开考场。

8. 对考评人员的要求

1）准备工作要充分，设备应完好，仪器仪表准确，工具齐全，电源、气源可靠，材料充足，安全措施齐全等。

2）考核前要检查考生的工作服，必要的劳保用品，简明扼要地强调安全、环保等注意事项与要求。

3）考评人员不仅要考核考生的操作技术，还要确保考生和设备的安全，随时准备与考生共同完成隐患排除，避免事故的发生。

4）考生有违反操作规程的，坚持停考，并记零分；如果考生非故意损坏了设备或工具，可酌情扣分。

实训项目 2　制冷系统辅助设备的调整

·考核目标

制冷系统基本运行参数需要进行调整，制冷系统辅助设备及其他运行参数，如油压及油压差、时间继电器、温度继电器，同样需要调整到合适的状态和数值，这样才能保障机组正常运行。

1）油压调节阀用于调节制冷压缩机润滑系统中的油压，确保油压在正常的范围内，油压通常比吸气压力高 0.15~0.30MPa，从而保证制冷压缩机润滑部位有足够的润滑油。

2）当制冷压缩机润滑系统高压端与低压端（曲轴箱）之间的压力差小于规定数值（一般为 0.05~0.35MPa）时，油压差控制器能自动切断电源，控制制冷压缩机保护性停机，要调整到位。

3）对于大型制冷压缩机，为了减小其起动时对电网的冲击，采用星-三角起动方案。星形联结起动，三角形联结运行，两个过程中间采用空气阻尼式时间继电器获得延时，延时时间可调整。

4）温度继电器是通过温度信号控制其内部触头导通与断开的一种开关，在制冷系统中通常用作温度保护或温度的双位控制，如制冷压缩机排气温度的保护和控制、油温的保护和控制、冷库的库温控制等，根据考核要求具体调整。

5）对于变负荷制冷系统，调整节流阀开启度的大小以适应负荷的变化。

·考核重点

参数调整知识和操作能力。

·考核难点

参数调整知识和操作能力。

·试题样例

试题：制冷系统辅助设备的调整

1. 本题分值：100 分

2. 考核时间：2h

3. 考核要求

1）根据制冷系统辅助设备运行情况及具体参数要求，确定调整方法。

2）完成参数调整操作，使制冷系统辅助设备正常运行。

3）安全文明操作。

4. 准备要求

（1）考生准备　考生准备见表 3-5。

表 3-5　考生准备

名称	规格	单位	数量	备注
签字笔	黑色	支	1	无特殊要求

（2）考场准备

1）设备准备：见表 3-6。

表 3-6　设备准备

设备名称	规格	单位	数量	备注
压缩式制冷系统	不限	套	1	小型冷库

注：1. 活塞式、螺杆式、离心式机组均可。
　　2. 氨制冷机组或氟利昂机组均可。
　　3. 水冷式冷凝器或风冷式冷凝器均可。

2）工具、仪表、量具和材料准备：见表 3-7。

表 3-7　工具、仪表、量具和材料准备

序号	名称	规格	单位	数量	备注
1	棘轮扳手	不限	把	1	
2	螺钉旋具	十字槽、一字槽	把	各 2	中、小号
3	计时表	不限	块	1	
4	劳保用品	氨防护	套	各 2	

注：仪器仪表准确，工具能正常使用。

5. 评分标准

制冷系统辅助设备的调整操作技能评分表见表 3-8。

表 3-8　制冷系统辅助设备的调整操作技能评分表

设备编号：　　　　　　　　　　　　　　　　　　考核时间：2h

序号	考核内容	考核标准	评分标准	配分	扣分	得分
1	油压调节阀的调整	从油压差表上读出润滑油压力与吸气压力的差值准确	读数每错一项扣2分，两项合计4分	4		
		若油压偏低，顺时针旋转阀杆，使油压准确上升	旋转方向反向扣8分，不准确扣2分	10		
		若油压偏高，逆时针旋转阀杆，使油压准确下降	旋转方向反向扣8分，不准确扣2分	10		
2	油压差控制器的调整	拨动压差调整齿轮，将指针调整到需要的数值	拨动错误扣8分，数值调整不正确扣2分	10		
		推动试验按钮，推动时间大于延长时间，经一定时间正确切断电源	推动按钮不正确扣6分，时间不准确扣4分	10		
		延时机构动作后，必须5min后才能恢复正常工作	中间停止时间有误扣4分	4		

（续）

序号	考核内容	考核标准	评分标准	配分	扣分	得分
3	时间继电器的调整	顺时针旋转调节螺钉，正确增加延长时间	旋转方向反向扣8分，不准确扣2分	10		
		逆时针旋转调节螺钉，正确缩短延长时间	旋转方向反向扣8分，不准确扣2分	10		
4	温度继电器的调整	排气温度调至上限值，压缩机正确断电停机	调至上下限错误扣8分，不动作扣2分	10		
		油温保护和控制，不得超过70℃，否则停机或油加热器停止工作	超过70℃扣4分，不停机或不停止扣2分	6		
		设定下限值，达到下限值时正确停机	设定下限值错误扣6分，不停机扣2分	8		
5	调整冷间温度	对于工况变化而又无自动调节的制冷系统，正确调节节流阀	调节方法错误扣4分，调得过大或过小扣2分	6		
6	安全文明生产	安全文明操作，做好善后工作	不按要求扣2分	2		

备注	1）操作时间超过规定时间2min扣1分，超过4min扣2分 2）造成人身、设备、环境安全事故，立即停止操作，成绩不及格	合计		100		
		考评员签字			年 月 日	
		考评员签字			年 月 日	

评分人：　　　年　　月　　日　　　　核分人：　　　年　　月　　日

6. 参数调整难点分析

1）确保压力、温度、时间读数正确并提供准确数据。

2）判断油压调节阀阀杆旋转方向，应同时观察油压表和吸气压力表。

3）当压缩机正常工作时，将依照箭头方向推动油压差控制器试验按钮。

4）时间继电器的调节螺钉旋转方向要正确。

5）用于排气温度保护的温度继电器的温度设定值为上限值，其余温度继电器的温度设定值通常为下限值。幅值差指的是上限值和下限值的差值。

6）调节手动节流阀开启度的大小以适应负荷的变化，通常开启度为1/8~1/4圈，一般不超过1圈，否则会失去节流作用。

7. 安全操作规程

具体内容见实训模块1实训项目1相应内容。

8. 对考评人员的要求

具体内容见实训模块1实训项目1相应内容。

实训模块 2　制冷系统一般故障分析与排除

· 实训项目内容

1）制冷系统起动操作注意事项。

2）制冷系统一般故障分析与处理。

· 技能要求

1）制冷压缩机起动前的准备工作。

2）制冷压缩机的起动操作。

3）检查制冷压缩机的加载情况。

4）排除油压不正常故障。

5）处理制冷压缩机的异常声响故障。

实训项目 1　制冷系统起动操作注意事项

· 考核目标

合理、正确地起动和操作制冷装置，直接关系到制冷设备运转和制冷系统运行的经济性、安全性和使用寿命。

制冷压缩机的起动操作有两个方面的注意事项：

1）制冷压缩机起动前的准备工作：检查运行记录、压缩机、阀门、液面高度和水泵、风机及控制仪表。

2）制冷压缩机的起动操作：起动水泵或风机、起动机组。

· 考核重点

制冷压缩机起动前的准备工作和制冷压缩机起动的操作能力。

· 考核难点

制冷压缩机起动前的准备工作和制冷压缩机起动的操作能力。

· 试题样例

试题：制冷系统起动注意事项

1. 本题分值：100 分

2. 考核时间：2h

3. 考核要求

1）根据制冷压缩机起动前的准备工作，检查主要部件及项目的操作。

2）完成制冷压缩机的起动操作，使制冷系统正常运行。

3）安全文明操作。

4. 准备要求

（1）考生准备　考生准备见表 3-9。

表 3-9　考生准备

名称	规格	单位	数量	备注
签字笔	黑色	支	1	无特殊要求

（2）考场准备

1）设备准备：见表 3-10。

表 3-10　设备准备

设备名称	规格	单位	数量	备注
压缩式制冷系统	不限	套	1	

注：1. 活塞式机组。

　　2. 氟利昂机组或氨制冷机组均可。

　　3. 水冷式冷凝器或风冷式冷凝器均可。

2）工具、仪表、量具和材料准备：见表 3-11。

表 3-11　工具、仪表、量具和材料准备

序号	名称	规格	单位	数量	备注
1	水流量计	不限	块	1	
2	压力表	不限	块	各1	高压、低压、表阀
3	充注管	与表阀匹配	根	3	3色各1根
4	棘轮扳手	不限	把	1	
5	螺钉旋具	十字槽，一字槽	把	各1	
6	劳保用品	普通和氨防护	套	各2	

注：仪器仪表准确，工具能正常使用。

5. 评分标准

制冷系统起动注意事项操作评分表见表 3-12。

表 3-12　制冷系统起动注意事项操作评分表

设备编号：　　　　　　　　　　　　　　　　　　　　考核时间：2h

序号	考核内容	考核标准	评分标准	配分	扣分	得分
1	检查运行记录	查看运行记录，确定压缩机正确停机	没有查看运行记录或故障没排除后就起动每项扣2分	4		
2	检查压缩机	正确检查带轮或联轴器、保护罩、安全防护罩、无障碍物	没检查或检查不全面每项扣1分	4		
		正确检查曲轴箱内油面、油三通阀、油分配阀（能量调节阀）	没检查或检查不正确每项扣2分	6		
		正确检查曲轴箱内压力、各个部位压力表阀	没检查或检查不全面每项扣2分	4		
		正确检查冷却水套供排水、油压、高低压力继电器	没检查或检查不全面每项扣1分	4		

（续）

序号	考核内容	考核标准	评分标准	配分	扣分	得分
3	检查阀门	检查高压部分：油分离、冷凝器、高压储液器上进出口阀门、安全阀、电磁阀前的截止阀、平衡管阀、压力表阀开启状态正确；检查压缩机排气阀，供液阀、冲霜阀、放油阀、放空阀均应关闭正确	没有检查，漏查每项扣1分	14		
		检查低压部分：压缩机吸气阀、放油阀、冲霜阀、排液阀应关闭正确；氨液分离器或循环贮液桶的供液阀、蒸发器供液阀、蒸发器至氨液分离器的阀门、压缩机进口阀等调整正确；检查压力表阀、压差继电器接头上阀门所有指示和控制仪表前的阀门应开启正确	没有检查，漏查每项扣1分	12		
4	检查液面高度	检查高压储液器内液面；低压储液器和排液桶不应存液；循环储液器或氨液分离器液面正确	没有检查，漏查每项扣1分	4		
5	检查水泵、风机及控制仪表	测量冷冻水、冷却水流量正确	没测量或测量有误每项扣2分	4		
		正确检查风机正常运转情况	漏查扣2分	2		
		正确检查各用电仪表	漏查扣2分	2		
6	起动水泵或风机	起动冷却水泵、冷冻水泵并观察运转情况，有故障停机调整或排除正确	起动错误或有故障未调整或排除扣8分	8		
		观察冷却塔风机或室外机组风机运行情况，有故障时排除正确	未观察或有故障未停机排除扣8分	8		
7	起动机组（氨机）	正确转动油滤器手柄数圈，防止不上油或油路堵塞	没操作扣4分	4		
		正确拨动联轴器，将卸载装置手柄调至零处或最小处	没操作扣2分	2		
		压缩机达到正常转速后，起动指示灯切换运行位置，当压力接近0MPa时，缓慢开启吸气阀门正确	操作错误扣4分	4		
		如"液击"严重，应关闭吸气阀，开启其他压缩机，吸尽液体重起动正确	操作错误扣4分	4		
		注意所有指示及控制仪表的参数，油压表、吸排气压力表、吸排气温度、电流表读数正确	漏查每项扣1分	3		

（续）

序号	考核内容	考核标准	评分标准	配分	扣分	得分
8	起动机组（氟利昂活塞式压缩机）	开机前正确检查电磁阀和热力膨胀阀是否正常	没检查或漏检扣2分	2		
		正确控制曲轴箱油温	控制错误扣1分	1		
		能够正常起动，起动顺序正确	起动顺序错误或不能正常起动每项扣1分	2		
9	安全、文明	安全文明操作，做好善后工作	不按要求扣2分	2		
备注	1）操作时间超过规定时间2min扣1分，超过4min扣2分 2）造成人身、设备、环境安全事故，立即停止操作，成绩不及格		合计	100		
			考评员签字	年　月　日		
			考评员签字	年　月　日		

评分人：　　　　年　月　日　　　　　核分人：　　　　年　月　日

6. 难点分析

1）检查详细运行记录。

2）制冷压缩机起动前做好准备工作：检查压缩机、阀门、液面高度、水泵、风机及控制仪表。

3）制冷机组起动前先起动水泵或风机。

4）氨机组和氟利昂机组起动方式相同，但注意事项有所侧重，要按要求进行。

7. 安全操作规程

具体内容见实训模块1实训项目1相应内容。

8. 对考评人员的要求

具体内容见实训模块1实训项目1相应内容。

实训项目2　制冷系统一般故障分析与处理

· 考核目标

掌握制冷压缩机的油路，分析制冷压缩机不加载的常见原因，按给定要求实现制冷压缩机能量调节，制冷系统安全可靠；分析制冷压缩机油压不正常的原因，若有油泵故障、油路故障，则检查并使油压达到规定值。

· 考核重点

对制冷压缩机一般故障进行判断、原因分析，并能检查和排除故障。

· 考核难点

对制冷压缩机一般故障进行判断、原因分析，并能检查和排除故障。

· 试题样例

试题：制冷压缩机不加载、油压不正常故障排除

1. 本题分值：100 分

2. 考核时间：2h

3. 考核要求

1）对制冷压缩机不加载的常见原因进行分析。

2）检查制冷压缩机的加载情况并做记录。

3）对油压不正常的常见原因进行分析。

4）排除油压不正常故障并做记录。

4. 准备要求

（1）考生准备　考生准备见表 3-13。

表 3-13　考生准备

名称	规格	单位	数量	备注
签字笔	黑色	支	1	无特殊要求

（2）考场准备

1）设备准备：见表 3-14。

表 3-14　设备准备

设备名称	规格	单位	数量	备注
压缩式制冷系统	不限	套	1	

注：1. 活塞式、螺杆式、离心式机组均可。
　　2. 氟利昂机组或氨制冷机组均可。
　　3. 水冷式冷凝器或风冷式冷凝器均可。

2）工具、仪表、量具和材料准备：见表 3-15。

表 3-15　工具、仪表、量具和材料准备

序号	名称	规格	单位	数量	备注
1	棘轮扳手	不限	把	1	
2	呆扳手	不限	套	1	
3	螺钉旋具	十字槽、一字槽	把	各 2	
4	割刀	不限	把	1	
5	胀管扩口器	不限	套	1	
6	充油管	不限	根	2	
7	压力表	不限	块	各 1	高压、低压、表阀
8	充注管	与表阀匹配	根	3	3 色各 1 根
9	电磁阀	与原有的相同	个	1	
10	油泵齿轮	与原有的相同	个	1	
11	油泵传动块	与原有的相同	块	1	
12	油压调节阀	与原有的相同	个	1	

（续）

序号	名称	规格	单位	数量	备注
13	密封垫	与原有的相同	套	1	
14	油管	与原有的相同	根	1	
15	铜管	与原有的相同	根	1（2m）	
16	润滑油	与原有牌号相同	kg	5	
17	容器	不限	个	1	
18	汽油	不限	L	5	
19	毛刷	不限	把	1	
20	制冷剂	与原有的相同	kg	若干	
21	劳保用品	普通和氨防护	套	各 2	

注：仪器仪表准确，工具能正常使用。

5. 评分标准

压缩机不加载、油压不正常故障排除评分表见表3-16。

表 3-16　压缩机不加载、油压不正常故障排除评分表

设备编号：　　　　　　　　　　　　　　　　　　　　考核时间：2h

序号	考核内容	考核标准	评分标准	配分	扣分	得分
1	查看日志	低压控制器设定值、油压调节阀设定值、油位水平、油泵维护或更换日期、油路维护日期正确	没查看日志或少项，每项扣1分	6		
2	检查油位	正确检查曲轴箱油位，若油位低，能用原牌号润滑油补充至合适水平	检查错误，或没补充原牌号的润滑油，没补充合适，每项扣2分	6		
3	检查油路过滤器	检查排油口过滤器的压差控制器，判断脏堵严重并清洗正确	检查或判断错误，没清洗，每项扣2分	6		
		检查吸油口过滤网，判断脏堵，并清洗正确	检查或判断错误，没清洗，每项扣2分	6		
4	检查油路电磁阀	检查采用电磁阀供给或切断压力油的能量调节油路系统，电磁阀故障判断、维修或更换正确	检查或判断错误，没维修或更换，每项扣2分	6		
5	检查油路管道	检查油管路泄漏、油管破裂、油管与油分配阀接头松动，喇叭口损坏，更换、拧紧制作喇叭口正确	检查或判断错误，修理、排除有误，每项扣2分	12		
		检查油泵输油管路是否通畅，堵塞故障排除正确	检查或判断错误，没排除故障，每项扣2分	6		
		正确检查油压调节阀的设定值，若偏小，则调节或更换	检查或判断错误，没调节或更换，每项扣2分	4		

（续）

序号	考核内容	考核标准	评分标准	配分	扣分	得分
6	检查油泵	正确检查油泵端盖密封垫片有无泄漏，若泄漏则更换	检查或判断错误，没更换，每项扣2分	6		
		正确检查油泵齿轮磨损情况，若齿轮间隙或端面间隙过大，则更换	检查或判断错误，没更换，每项扣2分	6		
		正确检查油泵传动块磨损情况，若磨损严重则更换	检查或判断错误，没更换，每项扣2分	6		
7	确认	转动油分配阀手柄，确认加载情况正常	确认有误扣4分	4		
		转动油分配阀手柄，确认减载情况正常	确认有误扣4分	4		
8	记录	记录操作日期、故障部位及情况，描述故障处理方法及油压值正确	记录不全面，或有错误，每项扣2分	10		
9	检测	检测制冷压缩机排气压力正确	没检测或不正确扣4分	4		
10	补充制冷剂	检测制冷剂有泄漏需补充正确	补充不正确扣8分	6		
11	安全、文明	安全文明操作，做好善后工作	不按要求扣2分	2		
备注	1）操作时间超过规定时间2min扣1分，超过4min扣2分 2）造成人身、设备、环境安全事故，立即停止操作，成绩不及格		合计	100		
			考评员签字		年 月 日	
			考评员签字		年 月 日	

评分人：　　　　年　月　日　　　　　核分人：　　　　年　月　日

6. 检查及排除故障难点分析

1）查看日志到位、全面，得到第一手资料。

2）检查油位、油路管道、油泵准确到位、全面。

3）检查出故障，分析原因准确并排除故障。

7. 安全操作规程

具体内容见实训模块1实训项目1相应内容。

8. 对考评人员的要求

具体内容见实训模块1实训项目1相应内容。

实训模块3　制冷系统运行操作故障与排除

·实训项目内容

1）制冷系统排污与气密性检测。

2）制冷系统运行中异常故障处理。

·技能要求

1）掌握制冷系统排污处理。

2）掌握制冷系统的严密性试验操作。

3）掌握制冷系统运行中冷凝压力过高异常故障处理。

4）掌握制冷系统运行中蒸发压力过低异常故障处理。

实训项目 1　制冷系统排污与气密性检测

·考核目标

制冷设备和管道在安装期间，已经进行了单体除锈吹污工作，但在安装过程中，其内部不可避免地会有焊渣、铁锈、氧化皮及砂尘等污物，如果这些污物留在系统内，可能会被吹入压缩机，后果不堪设想，影响制冷系统正常工作。因此，在压缩机正式运转之前，应对制冷系统进行吹污处理。

在制冷系统吹污后，应对制冷系统进行严密性试验，也称为试漏试验。试漏试验有压力试漏、真空试漏和充制冷剂试漏，统称气密性检测。

制冷压缩机的排污与气密性检测的主要注意事项有两个：

1）对制冷系统吹污操作。

2）对制冷系统的严密性试验操作，包括压力试漏（气压试验）、真空试漏（真空试验）和充制冷剂试漏操作。

·考核重点

制冷系统吹污和制冷系统的严密性试验。

·考核难点

制冷系统吹污和制冷系统的严密性试验。

·试题样例

试题：制冷系统排污与气密性检测

1. 本题分值：100 分

2. 考核时间：2h

3. 考核要求

1）对制冷系统排污作用认识清楚，正确掌握制冷系统吹污操作方法。

2）掌握三种试漏方法，即压力试漏、真空试漏和充制冷剂试漏操作。

3）安全文明操作。

4. 准备要求

（1）考生准备　考生准备见表 3-17。

表 3-17　考生准备

名称	规格	单位	数量	备注
签字笔	黑色	支	1	无特殊要求

（2）考场准备

1）设备准备：见表3-18。

表3-18 设备准备

设备名称	规格	单位	数量	备注
压缩式制冷系统	不限	套	1	

注：1. 活塞式、螺杆式、离心式机组均可。
　　2. 氨制冷机组或氟利昂机组均可。
　　3. 水冷式冷凝器或风冷式冷凝器均可。

2）工具、仪表、量具和材料准备：见表3-19。

表3-19 工具、仪表、量具和材料准备

序号	名称	规格	单位	数量	备注
1	呆扳手	根据螺栓规格确定	把	各1	
2	梅花扳手	根据螺栓规格确定	把	各1	
3	活扳手	200mm、300mm	把	各1	
4	棘轮扳手	通用	把	1	
5	螺钉旋具	十字槽、一字槽	把	各1	
6	氮气	通用	瓶	1	
7	干燥压缩空气	通用	瓶	1	
8	三通修理阀及压力表	通用（高压表、低压表）	套	1	
9	充注管	三色（红、黄、蓝）	根	各1	
10	纯铜管	ϕ6mm	个	2、3	
11	纳子	ϕ6mm	个	2	
12	胀管扩口器	通用	套	1	
13	真空泵	与机组相适应	台	1	
14	压缩机	不限	台	1	
15	容器	不限	个	1	
16	汽油	通用，1kg/瓶	瓶	2	
17	卤素检漏仪	通用	台	1	
18	肥皂水或气体发泡剂	通用	瓶	1	
19	海绵	通用	块	1	
20	滤网	与干燥过滤器内相同	个	1	
21	干燥剂	硅胶	瓶	1	
22	制冷剂	氟利昂 R22 或 R134a	kg	40	

（续）

序号	名称	规格	单位	数量	备注
23	制冷剂	氨 R717（NH3）	kg	40	
24	水银压力计	通用	个	1	
25	木锤	通用	把	1	
26	白布	通用	块	1	
27	劳保用品	普通和氨防护	套	各 2	

注：仪器仪表准确，工具能正常使用，材料保质保量。

5. 评分标准

制冷系统排污与气密性检测操作技能评分表见表 3-20。

表 3-20　制冷系统排污与气密性检测操作技能评分表

设备编号：　　　　　　　　　　　　　　　　　　　考核时间：2h

序号	考核内容	考核标准	评分标准	配分	扣分	得分
1	制冷系统排污	制冷系统吹污准备工作正确	阀门开启或关闭有误扣 4 分	4		
			设备和系统分段及排污口设置有误扣 4 分	4		
			吹污气源与系统相连接有误扣 4 分	4		
		制冷系统吹污工作进行正确	充入吹污气体，木锤敲击有误扣 5 分	6		
			充入气体压力达到一定值，打开排污口，检查排污口靶，确认合格有误扣 5 分	8		
		制冷系统吹污后清理、恢复、保护正确	吹污后阀门清理、清洗有误扣 4 分	5		
			阀门重新装配有误扣 4 分	4		
			吹污时充入保护气体有误扣 5 分	5		
2	对制冷系统压力试漏	压力试漏准备正确	阀门开启或关闭有误扣 4 分	4		
			压力气源（含减压阀）与系统相连接有误扣 4 分	4		
			高低压管路上接压力表有误扣 4 分	4		
		压力试漏正确	充入气体试低压，且检漏有误扣 5 分	5		
			充入气体加压试高压，且检漏有误扣 5 分	5		
			对整个系统检漏、保压、判断和记录有误扣 8 分	8		
3	对制冷系统真空试漏	试漏全过程正确	连接真空泵有误扣 4 分	4		
			接压力计、抽真空、保压、判断和记录有误扣 10 分	10		

（续）

序号	考核内容	考核标准	评分标准	配分	扣分	得分
4	对制冷系统充制冷剂试漏	试漏全过程正确	对制冷系统充少量制冷剂有误扣4分	4		
			仪器检漏、保压、判断和记录有误扣10分	10		
5	安全、文明	安全文明操作，做好善后工作	不按要求扣2分	2		
备注	1）操作时间超过规定时间2min扣1分超过4min扣2分 2）造成人身、设备、环境安全事故，立即停止操作，成绩不及格		合计	100		
			考评员签字		年　月　日	
			考评员签字		年　月　日	

评分人：　　　　年　月　日　　　　　核分人：　　　　年　月　日

6. 难点分析

（1）吹污　制冷系统内的污物被吹入压缩机后，会使气缸内壁"拉毛"或使气缸出现划痕，甚至造成"敲缸"事故，还会损坏阀门的密封面，堵塞过滤器、毛细管和膨胀阀等。因此，必须对制冷系统进行吹污处理。

（2）吹污方法　使用氮气或干燥的压缩空气吹污，在压力逐渐升高的同时，可用木锤敲击弯头或阀门，当充入气体压力达到 0.5~0.6MPa 时，迅速打开排污口，使污物随同气体一同喷出。需要反复数次，在排污口处设靶，靶上有干净白布，白布无污物为合格。

（3）制冷系统压力试漏操作

1）氨制冷系统气密性试验试压前的正确操作：

① 关闭所有与大气相通的阀门，所有手动阀门均开启。

② 取出电磁阀和止回阀阀芯组体并编号保存。

系统气密性试验压力见表 3-21。

表 3-21　系统气密性试验压力　　　　　　　　　　　　　　（单位：MPa）

系统部位	制冷剂种类
	R717、R502、R22
高压系统试验压力	2.0
低压系统试验压力	1.6
中间冷却器试验压力	1.6

试压前应将氨泵、低压浮球调节阀、低压浮球式液面指示器与系统隔开。

2）试压时的正确操作：

① 若用压缩空气，就应该使用空压机；最好用氮气。

② 若用空压机，当排气温度超过120~125℃时，应停机，待冷却后再起动空

压机。

③ 应做到先试低压，待低压合格后，关上低压吸气阀，起动压缩机，缓慢开启吸气阀，调节吸气压力为 0.2~0.25MPa，使低压系统空气经压缩机进入高压系统。

④ 系统封闭保压，前 6h 允许压降 30kPa，以后 18h，室温不变时，压力不降；室温变化时，压力下降不应超过

$$\Delta p = p_1 - p_2 = p_1 \left(1 - \frac{273 + t_2}{273 + t_1} \right)$$

式中，p_1 为试验开始时系统内气体的压力，单位为 MPa；t_1 为试验开始时系统内气体的温度，单位为℃；p_2 为某一时刻系统内气体的压力，单位为 MPa；t_2 为某一时刻系统内气体的温度，单位为℃。

如压力下降超过计算值，能够用肥皂水或气体发泡剂查找泄漏。

3）氟利昂制冷系统气密性试验：

充氮气前的正确操作如下：

① 在高、低压管路上正确连接压力表，氮气满瓶时压力为 15MPa，必须先经过减压阀再接到压缩机的多用孔道上或高压管路的充注阀上。

② 关闭压缩机进、排气阀和所有与大气相通的阀门，打开系统内其他所有阀门和膨胀阀的旁通阀。

充注氮气的正确操作如下：

① 打开氮气瓶阀，将氮气充入系统，达到低压系统的试验压力值后用肥皂水检漏。

② 如检查无泄漏，关闭手动节流阀前的截止阀及手动节流阀，再继续充压到高压系统的检验压力值，然后停止充入氮气并关闭氮气瓶阀。

③ 对整个系统仔细检漏。经检查未发现渗漏，记下此时的压力温度值。系统封闭保压，放置 24h 后检查温度和压力下降情况，一般在温差不大于 5℃的情况下，压降不超过 0.003MPa 为合格。

（4）制冷系统真空试漏操作

1）氨制冷系统真空试验：对真空度的要求：真空度应随各地大气压力不同而异，一般用当地当天的大气压乘以系数 0.86 即为所要求的真空度，保压 24h，不回升为合格。

真空试验时：

① 考生应在系统中任意接头接入 U 形水银压力计，以使读数准确。

② 抽真空时，管道和设备上的所有阀门都应打开，但所有与大气相通的阀门应关闭。

③ 应采用真空泵来抽空。

对于小型制冷系统可以利用压缩机本身抽空。正确操作方法如下：

① 关闭排出阀，打开排出阀上多用通道或放空阀，以排放空气。

② 关闭系统中所有与大气相通的阀门，打开系统中其他所有阀门。

③ 若为水冷式机组，应放尽冷凝器中的冷却水。

④ 起动压缩机抽空，直到较长时间不出气泡为止。

⑤ 抽好真空后，应先关闭排空管道，然后停机。

对全封闭式压缩机的制冷系统，不能用压缩机本身来抽空，只能用真空泵来完成。

2）氟利昂系统真空试验：真空试验是在气密性试验合格后进行的，是进一步对系统进行的气密性检查，并为系统充注氟利昂做准备。应用真空泵抽空，当系统压力抽到 -1.33MPa（-10mmHg）后，放置 24h，真空表回升不超过 0.67kPa（5mmHg）为合格。

抽真空操作：氟利昂制冷系统真空试验与氨制冷系统相似。

考评人员要认真观察考生每一个操作步骤的安全性、规范性、可靠性，一旦发现有不正确的动作，可能出现安全隐患，立即制止，根据情况酌情扣分或终止考生继续操作，确保安全。对不能当场进行的操作（如保压 24h 后的操作），应要求考生正确回答，酌情扣分。

（5）制冷系统充制冷剂试漏操作　制冷剂试漏应在真空试验后进行，其目的是进一步检查系统严密性。对于氟利昂制冷系统，可以用卤素检漏仪检测。当系统内压力升至 0.1~0.2MPa 时，停止充液并进行检漏。其余步骤同压力试漏。

对制冷系统进行三种试漏试验，全面检查，以无泄漏为合格。

7. 安全操作规程

具体内容见实训模块 1 实训项目 1 相应内容。

8. 对考评人员的要求

具体内容见实训模块 1 实训项目 1 相应内容。

实训项目 2　制冷系统运行中异常故障处理

·考核目标

制冷系统运行中会出现冷凝压力过高，或蒸发压力过低的异常故障，都会造成制冷压缩机不能正常工作，在高低压力继电器的保护作用下停机。

1）为排除异常故障，首先应正确选择和使用工具、仪表、量具。

2）完成制冷系统运行中冷凝压力过高的异常故障判断和排除操作。

3）完成制冷系统运行中蒸发压力过低的异常故障判断和排除操作。

·考核重点

对制冷系统运行中冷凝压力过高、蒸发压力过低的异常故障，分析原因并进行排除。

· 考核难点

对制冷系统运行中冷凝压力过高、蒸发压力过低的异常故障，分析原因并进行排除。

· 试题样例

试题：制冷系统运行中冷凝压力过高、蒸发压力过低的异常故障处理

1. 本题分值：100 分

2. 考核时间：2h

3. 考核要求

1）对制冷系统运行中冷凝压力过高准确测量，正确分析判断，掌握排除方法。

2）对制冷系统运行中蒸发压力过低准确测量，正确分析判断，掌握排除方法。

3）安全文明操作。

4. 准备要求

（1）考生准备　考生准备见表 3-22。

表 3-22　考生准备

名称	规格	单位	数量	备注
签字笔	黑色	支	1	无特殊要求

（2）考场准备

1）设备准备：见表 3-23。

表 3-23　设备准备

设备名称	规格	单位	数量	备注
压缩式制冷系统	不限	套	1	

注：1. 活塞式、螺杆式、离心式机组均可。
　　2. 氟利昂机组或氨制冷机组均可。
　　3. 水冷式冷凝器或风冷式冷凝器均可。

2）工具、仪表、量具和材料准备：见表 3-24。

表 3-24　工具、仪表、量具和材料准备

序号	名称	规格	单位	数量	备注
1	呆扳手	根据螺栓规格确定	把	各1	
2	梅花扳手	根据螺栓规格确定	把	各1	
3	活扳手	200mm、300mm	把	各1	
4	棘轮扳手	通用	把	1	
5	螺钉旋具	十字槽，一字槽	把	各1	
6	容器	不限	个	1	
7	三通修理表及阀	通用（高、低压力）	套	1	

（续）

序号	名称	规格	单位	数量	备注
8	充注管	三色（红，黄，蓝）	根	各1	
9	纯铜管	$\phi 6mm$	个	2~3	
10	纳子	$\phi 6mm$	个	2	
11	胀管扩口器	通用	套	1	
12	温度测量仪	不限	个	1	
13	汽油	通用	桶	小1	
14	硅胶	通用	瓶	1	
15	氟利昂制冷剂	R22 或 R134a	kg	40	
16	劳保用品	普通和氨防护	套	各2	

注：仪器仪表准确，工具能正常使用，材料保质保量。

5. 评分标准

制冷系统运行中冷凝压力过高、蒸发压力过低的异常故障处理操作技能技能评分表见表 3-25。

表 3-25　制冷系统运行中冷凝压力过高、蒸发压力过低的异常故障处理操作技能技能评分表

设备编号：　　　　　　　　　　　　　　　　　考核时间：2h

序号	考核内容	考核标准	评分标准	配分	扣分	得分
1	制冷系统运行中冷凝压力过高故障判断及排除	对冷却水系统测量故障判断准确，排除方法正确	测量冷却水量有误扣2分	2		
			对冷却水量补充有误扣4分	4		
			测量冷却水温度有误扣4分	4		
			对冷却塔清洗有误扣10分	10		
		对冷凝器积油、结垢过多判断准确，排除方法正确	检查冷凝器积油有误扣2分	2		
			检查冷凝器结垢有误扣4分	4		
			排除冷凝器积油方法有误扣4分	4		
			清除冷凝器结垢方法有误扣6分	6		
		对系统内过空气排放正确	检查系统内有空气有误扣4分	4		
			将系统内空气排除的方法有误扣6分	6		
		对系统内过多的制冷剂排放正确	检查系统内制冷剂过多有误扣4分	4		
			将多余制冷剂排出的方法有误扣6分	6		
2	制冷系统运行中蒸发压力过低故障判断及排除	对制冷系统供液量不足判断准确，调整正确	检查系统制冷剂供液量不足有误扣4分	4		
			调整系统制冷剂量供液量方法有误扣4分	4		
			补充制冷剂方法有误扣4分	4		

（续）

序号	考核内容	考核标准	评分标准	配分	扣分	得分
2	制冷系统运行中蒸发压力过低故障判断及排除	调整压缩机能量和蒸发器负荷正确	检查压缩机能量和蒸发器负荷有误扣4分	4		
			合理调整压缩机能量和蒸发器负荷方法有误扣4分	6		
		排放蒸发器内积油和除霜正确	检查蒸发器内积油过多有误扣4分	2		
			检查蒸发器外表面霜层过厚有误扣2分	2		
			及时排放蒸发器内积油和除霜方法有误扣6分	6		
		检修或调整系统堵塞方法正确	检查氟利昂制冷系统中有堵塞现象有误扣4分	4		
			检修或调整系统堵塞方法有误扣6分	6		
3	安全、文明	安全文明操作，做好善后工作	不按要求扣2分	2		
备注	1）操作时间超过规定时间2min扣1分，超过4min扣2分 2）造成人身、设备、环境安全事故，立即停止操作，成绩不及格		合计	100		
			考评员签字		年　月　日	
			考评员签字		年　月　日	

评分人：　　　　年　月　日　　　　　核分人：　　　　年　月　日

6. 检查及排除故障难点分析

1）制冷系统运行中冷凝压力过高的故障判断、排除操作：

① 冷凝器供水量不足：应设法增大供水量。

② 循环水温度过高：选用高效率的冷却塔清洗，以提高散热效率。

③ 冷凝器传热面积油或结垢：及时排放积油和清除水垢。

④ 系统内有空气：排除空气，通过冷凝器上的放空气阀排除。

⑤ 冷凝器中积液过多，使有效冷却面积减少：应开足冷凝器上的出液阀门并采取其他措施，排放制冷剂液体；对于小型氟利昂制冷装置，如果是系统充注制冷剂量过多，应抽出多余制冷剂。

2）制冷系统运行中蒸发压力过低的故障判断、排除操作：

① 供液量不足：如节流阀开启度过小或阻塞，供液管堵塞，浮球阀失灵，氨泵循环量不够，重力供液中气液分离器高度不够，以及制冷系统中制冷剂量不足等，排除方法是适当调整系统制冷剂量。

② 压缩机能量过大，或蒸发器负荷过小：应合理调整，使其相适应。

③ 蒸发器内积油或外表面霜层过厚：应及时排放积油和除霜。

第三部分

131

④ 氟利昂制冷系统中有堵塞现象：如干燥过滤器脏堵或干燥剂失效，电磁阀不过液，膨胀阀脏堵或冰堵，应根据具体原因检修和调整。

7. 安全操作规程

具体内容见实训模块 1 实训项目 1 相应内容。

8. 对考评人员的要求

具体内容见实训模块 1 实训项目 1 相应内容。

实训模块 4　制冷系统典型故障分析与排除

· 实训项目内容

1）热力膨胀阀典型故障分析与排除。

2）制冷系统脏堵典型故障分析与排除。

· 技能要求

1）正确判断膨胀阀是脏堵、冰堵还是油堵。

2）正确排除膨胀阀脏堵、冰堵、油堵故障。

3）正确判断制冷系统脏堵。

4）正确对制冷系统脏堵部位分析。

5）正确排除制冷系统脏堵故障。

实训项目 1　热力膨胀阀典型故障分析与排除

· 考核目标

大多数热力膨胀阀的进口处都有滤网。若系统较脏，会有较多杂物在膨胀阀的滤网处聚集就会造成脏堵；制冷系统中的水分在经过膨胀阀时，会因制冷出现结冰而造成冰堵；有少量润滑油到达膨胀阀时，会造成油堵。

1）检查、判断膨胀阀是否为冰堵，并能进行正确排除。

2）检查、判断膨胀阀是否为脏堵，并能进行正确排除。

3）检查、判断膨胀阀是否为油堵，并能进行正确排除。

4）排除膨胀阀堵塞后进行正确调整。

· 考核重点

对热力膨胀阀脏堵、冰堵、油堵判断正确，并且能排除故障，合理调整膨胀阀。

· 考核难点

对热力膨胀阀脏堵、冰堵、油堵判断正确，并且能排除故障，合理调整膨胀阀。

· 试题样例

试题：热力膨胀阀堵塞故障分析与排除

1. 本题分值：100 分

2. 考核时间：2h

3. 考核要求：

1）检查、判断热力膨胀阀堵塞类型，正确分析原因，并排除故障。

2）排除膨胀阀堵塞后进行正确调整，使其恢复正常工作。

3）安全文明操作。

4. 准备要求

（1）考生准备　考生准备见表 3-26。

表 3-26　考生准备

名称	规格	单位	数量	备注
签字笔	黑色	支	1	无特殊要求

（2）考场准备

1）设备准备：见表 3-27。

表 3-27　设备准备

设备名称	规格	单位	数量	备注
压缩式制冷系统	不限	套	1	

注：1. 活塞式、螺杆式、离心式机组均可。

　　2. 氨制冷机组或氟利昂机组均可。

　　3. 水冷式冷凝器或风冷式冷凝器均可。

2）工具、仪表、量具和材料准备：见表 3-28。

表 3-28　工具、仪表、量具和材料准备

序号	名称	规格	单位	数量	备注
1	呆扳手	根据螺栓规格确定	把	各 1	
2	活扳手	200mm，300mm	把	各 1	
3	棘轮扳手	通用	把	1	
4	螺钉旋具	十字槽、一字槽	把	各 1	
5	酒精灯	通用	盏	1	
6	干燥剂	硅胶	瓶	1	
7	纯铜棒	$\phi20mm \times 200mm$	根	1	
8	容器	不限	个	1	
9	汽油	通用 1kg/ 瓶	瓶	2	
10	氮气	通用 40kg/ 瓶	瓶	1	
11	冷冻润滑油	与机组原有相同牌号	桶	2	
12	干燥过滤器	与机组原有相同	个	1	
13	真空泵	与机组相适应	台	1	

（续）

序号	名称	规格	单位	数量	备注
14	三通修理表及阀	通用（高、低压力表）	套	1	
15	充注管	三色（红、黄、蓝）	根	各1	
16	劳保用品	普通和氨防护	套	各2	

注：仪器仪表准确，工具能正常使用，材料保质保量。

5. 评分标准

热力膨胀阀堵塞故障分析与排除操作技能评分表见表3-29。

表 3-29　热力膨胀阀堵塞故障分析与排除操作技能评分表

设备编号：　　　　　　　　　　　　　　　　考核时间：2h

序号	考核内容	考核标准	评分标准	配分	扣分	得分
1	正常开机	开机观察、调整机组正确	开机10min后，观察、调整有误扣4分	4		
2	检查、判断膨胀阀堵塞类型，并排除故障	检查、判断膨胀阀冰堵，且排除故障方法正确	酒精灯加热阀体有误扣4分	4		
			观察、判断有误扣4分	4		
			更换干燥过滤器中的干燥剂有误扣8分	8		
		检查、判断膨胀阀脏堵，且排除故障方法正确	用纯铜棒轻轻敲打膨胀阀阀体，观察、判断有误扣6分	6		
			收储制冷剂，拆卸膨胀阀有误扣6分	6		
			清洗过滤网，气体吹阀体有误扣6分	6		
			将膨胀阀拆成散件清洗，并组装好有误扣6分	6		
			将膨胀阀接入制冷系统有误扣6分	6		
		检查、判断膨胀阀油堵，且排除故障方法正确	用纯铜棒轻轻敲打膨胀阀阀体，观察、判断有误扣6分	6		
			更换冷冻润滑油有误扣4分	8		
			将管道和阀中残留污油吹出有误扣6分	6		
			清洗过滤网有误扣4分	4		
			更换干燥过滤器中的干燥剂有误扣6分	6		
3	热力膨胀阀调整	膨胀阀堵塞故障排除后，调整恢复正常正确	开机抽真空（本机自抽）或真空泵抽真空有误扣5分	5		
			开启各阀门有误扣3分	3		
			调整热力膨胀阀有误扣10分	10		

（续）

序号	考核内容	考核标准	评分标准	配分	扣分	得分
4	安全、文明	安全文明操作，做好善后工作	不按要求扣 2 分	2		
备注	1）操作时间超过规定时间 2min 扣 1 分，超过 4min 扣 2 分 2）造成人身、设备、环境安全事故，立即停止操作，成绩不及格		合计	100		
			考评员签字		年　月　日	
			考评员签字		年　月　日	

评分人：　　　　　　年　月　日　　　　　　核分人：　　　　　　年　月　日

6．难点分析

（1）热力膨胀阀脏堵、冰堵和油堵的故障判断　开机 10min 后，观察结霜现象并加以调整。正确判断膨胀阀堵塞故障并说明理由。

1）一般采用酒精灯加热阀体，视吸气压力回升情况进行判断，若加热后吸气压力回升且结霜则说明冰堵，可更换干燥过滤器中的干燥剂（可多次）以排除水分。

2）当用纯铜棒轻轻敲打膨胀阀体时，吸气压力回升或不回升，说明脏堵或油堵。首先需要正确收储制冷剂，然后正确拆卸膨胀阀，取出膨胀阀进口端的过滤网；如果过滤网上有污物（铁屑、氧化物、或其他杂物），用汽油清洗干净，同时用氮气将阀体吹干净；如果过滤网上没有污物，膨胀阀节流孔被污物堵塞，将膨胀阀拆散成零件用汽油清洗干净，再将膨胀阀组装并把过滤网装好，接入制冷系统即可。要求膨胀阀方向安装正确。

3）如果是油堵，应先更换冷冻润滑油，然后再用氮气将管道和阀中残留的污油全部吹出来，并更换干燥过滤器中的干燥剂和用汽油清洗过滤网，或更换干燥过滤器。

4）开机调试，堵塞现象消失。开机抽真空（本机自抽），20min，达 -0.1MPa。开启各阀门，调试热力膨胀阀，达到正常运行。

（2）热力膨胀阀调整一般原则　调节时不可以采取大起大落，要边调整边观察结霜现象；压杆式膨胀阀，每次按 1/2、1/3、1/4 圈调整；每次调整后，要仔细观察，一般需 15~20min，根据结霜情况再进行下一次调整。

7．安全操作规程

具体内容见实训模块 1 实训项目 1 相应内容。

8．对考评人员的要求

具体内容见实训模块 1 实训项目 1 相应内容。

实训项目 2　制冷系统脏堵典型故障分析与排除

·考核目标

制冷系统最常见的堵塞故障有脏堵和冰堵。轻微堵塞会使系统供液量减少，吸气压力下降，吸气温度升高，制冷效率降低，制冷效果变差，同时在堵塞处出现不正常的结露或结霜现象；严重堵塞，可能出现制冷系统不制冷，或制冷压缩机无法开机（如高压、低压控制器起保护作用）。

1）对制冷系统脏堵与冰堵的检查、分析和判断准确。

2）对制冷系统脏堵部位检查、分析和判断准确。

3）对制冷系统脏堵故障正确排除。

· 考核重点

判断制冷系统堵塞故障是脏堵还是冰堵，并根据堵塞部位的不同采取不同的方法将故障排除。

· 考核难点

判断制冷系统堵塞故障是脏堵还是冰堵，并根据堵塞部位的不同采取不同的方法将故障排除。

· 试题样例

试题：制冷系统脏堵故障分析与排除

1. 本题分值：100 分

2. 考核时间：2h

3. 考核要求

1）检查、分析和判断制冷系统脏堵与冰堵准确。

2）对制冷系统脏堵故障排除正确。

3）安全文明操作。

4. 准备要求

（1）考生准备　考生准备见表 3-30。

表 3-30　考生准备

名称	规格	单位	数量	备注
签字笔	黑色	支	1	无特殊要求

（2）考场准备

1）设备准备：见表 3-31。

表 3-31　设备准备

设备名称	规格	单位	数量	备注
压缩式制冷系统	不限	套	1	

注：1. 活塞式、螺杆式、离心式机组均可。

　　2. 氟利昂机组或氨制冷机组均可。

　　3. 水冷式冷凝器或风冷式冷凝器均可。

2）工具、仪表、量具和材料准备：见表 3-32。

表 3-32　工具、仪表、量具和材料准备

序号	名称	规格	单位	数量	备注
1	呆扳手	根据螺栓规格确定	把	各1	
2	活扳手	200mm、300mm	把	各1	
3	棘轮扳手	通用	把	1	
4	螺钉旋具	十字槽、一字槽	把	各1	
5	梅花扳手	根据螺栓规格确定	把	各2	
6	容器	不限	个	1	
7	汽油	通用，1kg/瓶	瓶	1	
8	真空泵	与机组相适应	台	1	
9	三通修理表及阀	通用（高、低压力表）	套	1	
10	充注管	三色（红，黄，蓝）	根	各1	
11	干燥剂	硅胶	瓶	1	
12	过滤网	与原过滤器中相同	个	2	
13	劳保用品	普通和氨防护	套	各2	

注：仪器仪表准确；工具能正常使用；材料保质保量。

5. 评分标准

制冷系统脏堵故障分析与排除操作技能评分表见表 3-33。

表 3-33　制冷系统脏堵故障分析与排除操作技能评分表

设备编号：　　　　　　　　　　　　　　　　　　　　考核时间：2h

序号	考核内容	考核标准	评分标准	配分	扣分	得分
1	制冷系统堵塞判断	制冷系统冰堵故障检查、分析、判断及排除	开机 10min 后，观察、调整有误扣 4 分	4		
			将蘸过温热水的湿布敷在节流装置上，观察判断有误扣 4 分	4		
			更换干燥过滤器中的干燥剂有误扣 6 分	6		
			对制冷系统抽真空有误扣 6 分	6		
2	制冷系统"脏堵"故障分析与排除	膨胀阀进口滤网处脏堵故障分析与排除正确	观察膨胀阀结霜与未结霜分界线基本成 45° 角有误扣 4 分	4		
			收储制冷剂，拆卸膨胀阀有误扣 8 分	8		
			清洗过滤网，将膨胀阀接入制冷系统有误扣 8 分	8		

（续）

序号	考核内容	考核标准	评分标准	配分	扣分	得分
2	制冷系统"脏堵"故障分析与排除	干燥过滤器滤网处脏堵故障分析与排除正确	观察、手摸干燥过滤器外壳和判断有误扣8分	8		
			收储制冷剂，拆卸干燥过滤器有误扣10分	10		
			清洗过滤网，更换干燥剂有误扣10分	10		
			将干燥过滤器接入制冷系统有误扣8分	8		
		吸气过滤器滤网处脏堵故障分析与排除	测量过滤器前后压力有误扣10分	10		
			根据测量压力判断有误扣4分	4		
			收储制冷剂，拆卸过滤器，并清洗过滤网，接入制冷系统有误扣8分	8		
3	安全、文明	安全文明操作，做好善后工作	不按要求扣2分	2		
备注	1）操作时间超过规定时间2min扣1分，超过4min扣2分 2）造成人身、设备、环境安全事故，立即停止操作，成绩不及格		合计	100		
			考评员签字		年　月　日	
			考评员签字		年　月　日	

评分人：　　　　年　月　日　　　　　核分人：　　　　年　月　日

6. 难点分析

1）按正常操作程序起动氟利昂制冷系统运行，制冷效果不佳，观察干燥过滤器外表有结露或结霜现象，用手摸干燥过滤器外壳发凉。

2）关闭制冷系统储液器上的截止阀，短路压缩机低压压力继电器控制电路，用压缩机将系统中的制冷剂抽回储液器。

3）当制冷系统的低压压力值接近0表压时，停止压缩机运行。用呆扳手与活扳手配合拆下干燥过滤器。

4）将干燥过滤器夹在台虎钳上，用梅花扳手松开干燥过滤器端盖上的螺钉，打开端盖，取出过滤网。

5）倒掉过滤网中的干燥剂，检查过滤网是否损坏（若损坏，更换同规格的过滤网），确认无损坏后，用汽油清洗过滤网。

6）检查过滤网密封垫有无损坏，确认完好后，将清洗后的干净过滤网重新装填好干燥剂后，按组装要求对角上好其端盖螺钉，并将其装回制冷系统。

7）从压缩机高压截止阀口向制冷系统打入1.8MPa的氮气，检查其两端有无泄漏现象。

8）确认无泄漏后放掉试漏氮气，将压缩机高压截止阀口接上真空泵，对箱体抽真空达到1.33Pa压力。

9）打开制冷系统储液器上的截止阀，恢复制冷系统的畅通和压缩机的低压压力继电器的电路，恢复制冷系统运行。

10）观察制冷效果，看干燥过滤器外表是否有结露或结霜现象，用手摸干燥过滤器外壳是否与环境温度基本一致。若达到上述要求，脏堵故障排除结束。

7. 安全操作规程

具体内容见实训模块 1 实训项目 1 相应内容。

8. 对考评人员的要求

具体内容见实训模块 1 实训项目 1 相应内容。

实训模块 5　制冷系统运行参数判断与设置

·实训项目内容

1）制冷系统参数基本要求。

2）制冷系统设置。

·技能要求

1）识读并采集制冷系统基本参数，如温度、压力、液位。

2）识读并采集制冷系统控制柜上电压、电流仪表信息。

3）能够填写制冷系统运行记录表。

4）识读掌握制冷系统实物。

5）识读掌握制冷系统图。

实训项目 1　制冷系统参数基本要求

·考核目标

制冷系统正常运行时，有许多参数需要测量、识读、采集和控制，如温度、压力、液位以及电压、电流等。

1）对制冷系统基本参数（温度、压力、液位）进行识读，并能采集相关信息。

2）对制冷系统控制柜上电压、电流仪表进行识读。

3）能够填写制冷系统运行记录表。

·考核重点

对制冷系统正常运行时的参数测量、识读、采集（如温度、压力、液位、电压和电流等）和参数记录的操作能力。

·考核难点

对制冷系统正常运行时的参数测量、识读、采集（如温度、压力、液位、电压和电流等）和参数记录的操作能力。

·试题样例

试题：制冷系统参数基本要求

1. 本题分值：100 分

2. 考核时间：2h

3. 考核要求

1）当制冷系统正常运行时，对相关参数进行正确的测量、识读、采集和记录。

2）当制冷系统正常运行时，对制冷系统控制柜上的电压、电流仪表进行正确的识读和记录。

3）安全文明操作。

4. 准备要求

（1）考生准备　考生准备见表3-34。

表3-34　考生准备

名称	规格	单位	数量	备注
签字笔	黑色	支	1	无特殊要求

（2）考场准备

1）设备准备：见表3-35。

表3-35　设备准备

设备名称	规格	单位	数量	备注
压缩式制冷系统	不限	套	1	

注：1. 活塞式、螺杆式、离心式机组均可。
　　2. 氨制冷机组或氟利昂机组均可。
　　3. 水冷式冷凝器或风冷式冷凝器均可。

2）工具、仪表、量具和材料准备：见表3-36。

表3-36　工具、仪表、量具和材料准备

序号	名称	规格	单位	数量	备注
1	呆扳手	与螺栓相匹配	把	2	
2	活扳手	200mm、300mm	把	各1	
3	棘轮扳手	通用	把	1	
4	螺钉旋具	十字槽、一字槽	把	各1	
5	温度计	不限（常用的）	个	1	与测量相应
6	压力表（带表阀）	通用	块	各1	高压、低压
7	充注管	三色（红、黄、蓝）	根	各1	
8	制冷系统运行记录表	见表样	张	1	
9	劳保用品	普通和氨防护	套	各2	

注：仪器仪表准确，工具能正常使用。

5. 评分标准

制冷系统参数基本要求操作技能评分表见表3-37。

表 3-37　制冷系统参数基本要求操作技能评分表

设备编号：　　　　　　　　　　　　　　　　　考核时间：2h

序号	考核内容	考核标准	评分标准	配分	扣分	得分
1	制冷系统基本参数要求（采集、测量、读数）	制冷系统的温度、压力、液位等仪表的识读、采集、测量和读数正确	没找到压缩机吸、排气温度计位置，压缩机吸、排气压力表位置，压缩机曲轴箱视液镜位置（或连接测量口），每项扣2分	10		
			识读或测量压缩机吸、排气温度值，识读或测量压缩机吸、排气压力值，通过视液镜看油位，有误每项扣3分	15		
			确定高压储液器上温度、压力、液位等仪表的位置并识读数值，有误每项扣3分	9		
			冷凝器冷却水入口、出口温度，制冷剂液面，出液口温度测量有误，每项扣3分	9		
			蒸发器（空气或水）入口、出口温度，制冷剂蒸发温度，蒸发压力测量有误，每项扣2分	8		
2	制冷系统控制柜上仪表采集、读数	制冷系统控制柜上电压、电流等仪表的识读、采集正确	在制冷系统设备电气控制柜上找电压表、电流表位置时有误，每项扣2分	4		
			读出电压表数值、电流表数值有误，每项扣4分	8		
3	制冷系统运行记录	填写制冷系统运行记录数值正确	填写制冷系统记录表，填写有误，每项扣1分	35		
4	安全、文明	安全文明操作，做好善后工作	不按要求扣2分	2		
备注	1）操作时间超过规定时间2min扣1分，超过4min扣2分 2）造成人身、设备、环境安全事故，立即停止操作，成绩不及格		合计	100		
			考评员签字		年　月　日	
			考评员签字		年　月　日	

评分人：　　　　　年　月　日　　　　核分人：　　　　　年　月　日

6. 难点分析

1）找到制冷系统中各仪表的位置并准确识读。

2）制冷系统中没有的仪表，用仪表测量，并准确识读。

3）正确识读制冷系统、制冷系统控制柜上的仪表并填在制冷系统运行记录表中。

7. 安全操作规程

具体内容见实训模块1实训项目1相应内容。

8. 对考评人员的要求

具体内容见实训模块 1 实训项目 1 相应内容。

实训项目 2　制冷系统设置

· 考核目标

对于蒸气压缩式制冷系统，根据制冷系统所采用的制冷剂不同可分为氨制冷系统和氟利昂制冷系统两大类；根据制冷系统向蒸发器供液的方式不同可分为直接供液、重力供液、液泵供液三种。

① 观看制冷系统，正确识别该制冷系统的组成。

② 识读制冷系统图，根据制冷系统图写出正确组成。

· 考核重点

要求对制冷系统的实际设备全面掌握并具备一定的识图能力。

· 考核难点

对制冷系统的实际设备全面掌握并具备一定的识图能力。

· 试题样例

试题：制冷系统设置

1. 本题分值：100 分

2. 考核时间：2h

3. 考核要求

1）观察实际的制冷系统，指出该制冷系统的主要组成，并填写制冷系统设置表。

2）根据制冷系统图，指出该制冷系统的主要组成，并填写制冷系统设置表。

3）安全文明操作。

4. 准备要求

（1）考生准备（见表 3-38）

表 3-38　考生准备

名称	规格	单位	数量	备注
签字笔	黑色	支	1	无特殊要求

（2）考场准备

1）设备准备　设备准备见表 3-39。

表 3-39　设备准备

设备名称	规格	单位	数量	备注
压缩式制冷系统	不限	套	1	

注：1. 活塞式、螺杆式、离心式机组均可。

　　2. 氟利昂机组或氨制冷机组均可。

　　3. 水冷式冷凝器或风冷式冷凝器均可。

2）工具、仪表、量具和材料准备：见表 3-40。

表 3-40　工具、仪表、量具和材料准备

序号	名称	规格	单位	数量	备注
1	呆扳手	与螺栓相匹配	把	2	
2	活扳手	200mm、300mm	把	各 1	
3	棘轮扳手	通用	把	1	
4	螺钉旋具	十字槽、一字槽	把	各 1	
5	制冷系统图	见图 3-1、图 3-2	张	各 1	
6	劳保用品	普通和氨防护	套	各 2	

注：仪器仪表准确，工具能正常使用。

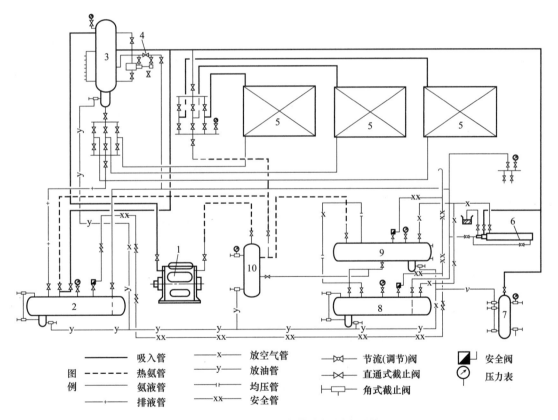

图 3-1　单级压缩重力供液氨制冷系统

1—压缩机　2—排液桶　3—氨液分离器　4—调节阀　5—蒸发器（排管）　6—空气分离器
7—集油器　8—高压贮液桶　9—卧式冷凝器　10—氨油分离器

第三部分

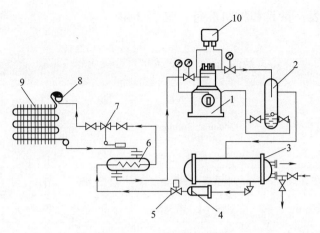

图 3-2　氟利昂制冷系统

1—氟利昂压缩机　2—氟油分离器　3—水冷式冷凝器　4—过滤干燥器　5—电磁阀
6—气液热交换器　7—热力膨胀阀　8—分液器　9—蒸发器　10—高低压力继电器

5. 评分标准

制冷系统设置操作技能评分表见表 3-41。

表 3-41　制冷系统设置操作技能评分表

设备编号：　　　　　　　　　　　　　　　　　　　　考核时间：2h

序号	考核内容	考核标准	评分标准	配分	扣分	得分
1	实际制冷系统	指出并填写制冷系统设置表（见表 3-41）	观察实际制冷系统设备，指出该系统主要组成，若有误每项扣 2 分（组成 10 项以上）	20		
			观看实际制冷系统设备，填写制冷系统设置表，若有误每项扣 2 分（10 项以上）	20		
2	制冷系统设置图	识读并填写制冷系统设置表（任选一图）	根据制冷系统设置图，指出该系统主要组成，若有误每项扣 2 分（组成 10 项以上）	20		
			根据制冷系统设置图，填写制冷系统设置表，若有误每项扣 2 分（10 项以上）	20		
3	制冷系统工作过程	制冷系统工作过程正确	写出制冷系统工作过程（共 10 项），每错一项扣 2 分，最多扣 18 分	18		
4	安全、文明	安全文明操作，做好善后工作	不按要求扣 2 分	2		
备注	1）操作时间超过规定时间 2min 扣 1 分，超过 4min 扣 2 分 2）造成人身、设备、环境安全事故，立即停止操作，成绩不及格		合计	100		
			考评员签字		年　月　日	
			考评员签字		年　月　日	

评分人：　　　　年　月　日　　　　核分人：　　　　年　月　日

实际制冷系统设备设置表见表 3-42。

表 3-42　制冷系统设备设置表

设备编号		设备名称	
设备型号		制冷剂	

该系统主要组成：

1. ＿＿＿＿＿＿　2. ＿＿＿＿＿＿　3. ＿＿＿＿＿＿　4. ＿＿＿＿＿＿　5. ＿＿＿＿＿＿

6. ＿＿＿＿＿＿　7. ＿＿＿＿＿＿　8. ＿＿＿＿＿＿　9. ＿＿＿＿＿＿　10. ＿＿＿＿＿＿

该制冷系统的工作过程：

总分	
考评员签字：	年　　月　　日

6. 难点分析

1）掌握制冷系统基本知识，观察实际制冷系统，正确指出各组成的名称及其作用。

2）掌握制冷系统基本知识，识读制冷系统设置图，正确指出各组成的名称及其作用。

3）能够正确描述制冷系统的工作过程。

7. 安全操作规程

具体内容见实训模块 1 实训项目 1 相应内容。

8. 对考评人员的要求

具体内容见实训模块 1 实训项目 1 相应内容。

中级制冷工理论知识考试模拟试卷

一、**单项选择题**（第 1~70 题；将正确答案的字母填入括号中；每题 1 分，共 70 分）

1. lg$p$-h 图上有 6 条参数线，其中基本参数有 3 个，分别是（   ）。

A. 温度、压力、比体积　　　　　　　　B. 温度、熵、比体积

C. 比体积、压力、焓　　　　　　　　　D. 温度、熵、焓

2. 制冷剂的 lg$p$-h 图中，有（   ）个区域。

A. 2　　　　　　　B. 3　　　　　　　C. 4　　　　　　　D. 6

3. lg$p$-h 图在饱和区中，等温度线与等压线（   ）。

A. 重叠　　　　　B. 相交　　　　　C. 平行　　　　　D. 交叉

4. 在状态变化中，工质的焓值（   ）的过程称为等焓过程。

A. 随温而变　　　B. 随压而变　　　C. 保持不变　　　D. 随机变化

5. 等焓过程是指（   ）在状态变化过程中，焓值始终保持不变。

A. 制冷剂　　　　B. 冷却水　　　　C. 冷媒水　　　　D. 冷冻润滑油

6. 在单级压缩制冷循环中，制冷剂的吸热过程依次发生在 lg$p$-h 图的（   ）。

A. 过热区和饱和区　　　　　　　　　　B. 饱和区和过冷区

C. 过冷区和过热区　　　　　　　　　　D. 饱和区和过热区

7. 由两个（   ）与两个绝热过程组成的循环称为卡诺循环。

A. 等温过程　　　B. 等压过程　　　C. 等熵过程　　　D. 等焓过程

8. 物质在传热过程中所传递的热量，（   ）冷热流体间的温差及传热面积。

A. 反比于　　　　B. 正比于　　　　C. 约等于　　　　D. 恒等于

9. 物质在传热过程中所传递的热量，正比于冷热流体间的（   ）及传热面积。

A. 温差　　　　　B. 温度　　　　　C. 温升　　　　　D. 温降

10. 制冷系统中，加强传热效果可以通过（   ）。

A. 增加管道的长度和翅片的数量　　　　B. 减少管道的长度和翅片的数量

C. 减小管道的直径和加大壁厚　　　　　　D. 提高制冷系统的蒸发温度

11. 风冷式冷凝器的冷却气流以（　　　　）方式通过，可以使其散热效果得以增强。

A. 顺流　　　　　　B. 逆流　　　　　　C. 叉流　　　　　　D. 紊流

12. 水冷式冷凝器可以通过（　　　　），使其散热效果得以增强。

A. 增加管道厚度　　　　　　　　　　　　B. 直接用自来水

C. 及时清除水垢　　　　　　　　　　　　D. 随时调整阀门

13. 传热过程中，在（　　　　）作用下，单位时间内、单位面积上热量传递的数值称为传热系数。

A. 1℃温差　　　　B. 1℃温度　　　　C. 1kJ 热量　　　　D. 1kcal 热量

14. 传热系数的单位是（　　　　）。

A. kJ/（m·h·℃）　　　　　　　　　　B. J/（m² · h）

C. kJ/（m² · h）　　　　　　　　　　　D. W/（m² · ℃）

15. 传热系数是指：单位面积上，当流体与壁面之间的温差为 1℃时，在（　　　　）内所能传递的热量。

A. 制冷系统　　　　B. 单位时间　　　　C. 冷凝器　　　　D. 蒸发器

16. 热泵循环就是将制冷剂吸收的热量和制冷压缩机消耗的（　　　　）转化为热能的过程。

A. 电能　　　　　　B. 化学能　　　　　C. 机械能　　　　　D. 机械功

17. 水冷却的制冷装置运行时，其冷凝器表面最好的换热流态是（　　　　）。

A. 过渡流　　　　　B. 层流　　　　　　C. 紊流　　　　　　D. 叉流

18. 卧式壳管式冷凝器冷却水进出水温差的选取范围是（　　　　）。

A. 1~2℃　　　　　B. 2~3℃　　　　　C. 3~4℃　　　　　D. 4~6℃

19. 在热交换器进行传热计算时，当两种流体入口温差和出口温差 $\Delta t'/\Delta t''<2$ 时，则平均温差可按（　　　　）计算。

A. 指数平均温差　　　　　　　　　　　　B. 积分平均温差

C. 算术平均温差　　　　　　　　　　　　D. 对数平均温差

20. 静止流体的压力称为（　　　　），深度越大，其值越大。

A. 绝对压力　　　　B. 相对压力　　　　C. 静压力　　　　D. 动压力

21. 理想流体稳定流动时，流体中某点的压力、流速和该点高度之间的关系称为（　　　　）。

A. 伯努利方程　　　B. 连续性方程　　　C. 流动性方程　　　D. 恒定性方程

22. 在流体运动中，一般（　　　　）。

A. 层流比紊流放热效率高　　　　　　　　B. 层流比紊流放热效率低

C. 层流与紊流的放热效率无可比性　　D. 层流与紊流的放热效率基本相等

23. 减少流体流动阻力的途径有两条，一是减小沿程阻力，二是（　　　）。

A. 减小流体流速　　　　　　　　　B. 加大流体流速

C. 减小局部阻力　　　　　　　　　D. 减小系统阻力

24. 在制冷循环中，气体压缩后的绝对压力与压缩前的绝对压力（　　　）称为压缩比。

A. 之差　　　　　　B. 之和　　　　　　C. 之比　　　　　　D. 之积

25. 将制冷剂蒸气压缩过程，分成（　　）进行的制冷循环，称为双级压缩制冷循环。

A. 两个阶段　　　　B. 两个系统　　　　C. 两个部分　　　　D. 两个机组

26. 双级压缩制冷循环是将来自蒸发器的制冷剂低压蒸气先在（　　　）压缩到中间压力。

A. 高压压缩机中　　　　　　　　　B. 低压压缩机中

C. 风冷冷凝器中　　　　　　　　　D. 中间冷却器中

27. 选择双级压缩制冷循环的原因是（　　　）。

A. 高压过高　　　B. 低压过低　　　C. 压缩比过大　　　D. 压缩比过小

28. 选择双级压缩制冷循环后，其总压缩比等于（　　　）。

A. 低压级与高压级压缩比之和　　　B. 低压级与高压级压缩比之差

C. 低压级与高压级压缩比之比　　　D. 低压级与高压级压缩比之积

29. 在 $\lg p\text{-}h$ 图上，一次节流中间完全冷却双级压缩低压级的排气压力就是（　　　）。

A. 系统的中间压力　　　　　　　　B. 系统的蒸发压力

C. 系统的冷凝压力　　　　　　　　D. 系统的最终压力

30. R717 的双级压缩制冷系统，通常采用（　　　）。

A. 双级压缩一级节流中间可变不完全冷却方式

B. 双级压缩一级节流中间有限完全冷却方式

C. 双级压缩一级节流中间不完全冷却方式

D. 双级压缩一级节流中间完全冷却方式

31. 采用氟利昂制冷剂的双级压缩制冷系统，一般采用一级节流中间（　　　）形式。

A. 完全冷却　　　　　　　　　　　B. 不完全冷却

C. 基本冷却　　　　　　　　　　　D. 基本不冷却

32. 氟利昂双级压缩制冷系统，一般选用（　　　）为制冷剂。

A. R134a、R22　　　　　　　　　　B. R134a、R13、R22

C. R13、R14、R22　　　　　　　　　D. R13、R115、R22

33. 往复活塞式制冷压缩机中，设计有轴封装置的机型是（   ）。

A. 全封闭式　　　　B. 半封闭式　　　　C. 开启式　　　　D. 涡旋式

34. 半封闭式制冷压缩机的油泵，通常选用（   ）。

A. 外啮合齿轮油泵　　　　　　　　B. 偏心式油泵

C. 离心式油泵　　　　　　　　　　D. 月牙形内啮合齿轮油泵

35. 活塞式制冷压缩机的气阀有多种形式，簧片阀主要适用于（   ）制冷压缩机。

A. 转速较低的　　　　　　　　　　B. 大型开启式

C. 半封闭式　　　　　　　　　　　D. 小型高速全封闭式

36. 螺杆式制冷压缩机属于（   ）压缩机。

A. 压力型　　　　B. 速度型　　　　C. 活塞式　　　　D. 回转式

37. 强迫风冷式冷凝器的冷凝温度等于（   ）。

A. 环境温度加 4℃　　　　　　　　B. 环境温度加 7℃

C. 环境温度加 15℃　　　　　　　　D. 环境温度加 25℃

38. 空气冷却式冷凝器，冷却空气的进出口温差是（   ）。

A. 10~15℃　　　　B. 8~10℃　　　　C. 4~6℃　　　　D. 2~3℃

39. 蒸发式冷凝器的优点之一是（   ）。

A. 节约电能　　　　　　　　　　　B. 减小设备体积

C. 提高制冷量　　　　　　　　　　D. 节约大量水

40. 卧式壳管式冷凝器，冷却水的走向为（   ）。

A. 上进上出　　　　B. 下进下出　　　　C. 下进上出　　　　D. 上进下出

41. 卧式壳管式冷凝器冷却水的进出水温差是（   ）。

A. 2~3℃　　　　B. 3~4℃　　　　C. 4~6℃　　　　D. 7~10℃

42. 风冷式冷凝器的安装要求为（   ）。

A. 距墙 10~15cm　　　　　　　　　B. 距墙 5~10cm

C. 距墙 20cm 以上　　　　　　　　D. 距墙 40cm 以上

43. 干式壳管式蒸发器的形状与满液式壳管式蒸发器相似，所不同的是（   ）。

A. 载冷剂在管内流动　　　　　　　B. 冷却水在管外流动

C. 液态制冷剂在管外沸腾　　　　　D. 液态制冷剂在管内沸腾

44. 沉浸式蒸发器的传热温差为（   ）。

A. 4℃　　　　B. 5℃　　　　C. 8℃　　　　D. 10℃

45. 墙排管式蒸发器的基本除霜方法是（   ）。

A. 电热除霜　　　　B. 回热除霜　　　　C. 淋水除霜　　　　D. 自然除霜

46. 在干式蒸发器中，管外流动的是（   ）。

A. 制冷剂　　　　B. 冷却水　　　　C. 载冷剂　　　　D. 蒸馏水

47. 干式壳管式蒸发器适合使用（　　）制冷剂。

A. R717　　　　　B. R22　　　　　C. R11　　　　　D. R718

48. 在低温制冷系统中，强迫风冷式蒸发器必须设置（　　）。

A. 消音装置　　　B. 加热装置　　　C. 抽湿装置　　　D. 除霜装置

49. 热力膨胀阀，会使（　　）。

A. 制冷剂的流量随回气过热度的降低而减小

B. 制冷剂的流量随回气过热度的降低而增大

C. 制冷剂的流量随回气过热度的升高而减小

D. 制冷剂的流量随回气过热度的升高而增大

50. 调节蒸发温度，简单有效的方法是通过调整（　　）来实现的。

A. 蒸发器　　　　B. 冷凝器　　　　C. 节流机构　　　D. 制冷压缩机

51. 热力膨胀阀的容量应（　　）制冷压缩机的产冷量。

A. 大于 120%　　　　　　　　　　　B. 大于 180%

C. 等于　　　　　　　　　　　　　　D. 小于

52. 外平衡式热力膨胀阀，适用于（　　）的制冷系统。

A. 冷凝压力损失较大　　　　　　　　B. 蒸发压力损失较大

C. 冷凝压力损失较小　　　　　　　　D. 蒸发压力损失较小

53. 制冷系统选用膨胀阀容量过大，将造成膨胀阀供液（　　）。

A. 过多　　　　　　　　　　　　　　B. 过少

C. 不变　　　　　　　　　　　　　　D. 一会儿多一会儿少

54. 热力膨胀阀的选配，主要考虑（　　）。

A. 蒸发器吸气能力　　　　　　　　　B. 冷凝器放热能力

C. 压缩机制冷能力　　　　　　　　　D. 管道的输液能力

55. 氨两级压缩的中间冷却器，采用（　　）供液。

A. 膨胀阀　　　　B. 浮球阀　　　　C. 手动阀　　　　D. 截止阀

56. 在小型活塞式制冷系统中，自动油分离器应安装在（　　）之间。

A. 制冷压缩机和冷凝器　　　　　　　B. 冷凝器和节流机构

C. 节流机构和蒸发器　　　　　　　　D. 蒸发器和制冷压缩机

57. 自动油分离器正常回油时，回油管的表面温度（　　）。

A. 一直发冷　　　B. 一直发热　　　C. 一直恒温　　　D. 时冷时热

58. 自动油分离器是借助（　　）实现自动回油的。

A. 温度　　　　　B. 压力　　　　　C. 止回阀　　　　D. 浮球阀

59. 储液器应安装在（　　）。

A. 吸气管上　　　　　　　　　　　　B. 排气管上

C. 低压输液管上　　　　　　　　　　D. 高压输液管上

60. 在蒸气压缩式制冷系统中，电磁阀的作用相当于（　　　）。

A. 可调流量的阀门　　　　　　　　　　B. 可控制双流向的截止阀

C. 可控的单流向的截止阀　　　　　　　D. 止逆阀

61. 电磁阀应根据（　　　）选择。

A. 电流大小　　　　B. 功率大小　　　　C. 管径大小　　　　D. 线圈大小

62. 氟利昂制冷系统中所用的三通截止阀，将其阀杆顺时针拧到头，则（　　　）。

A. 旁通路不通　　　B. 主通路通　　　C. 旁通路通　　　D. 两路都通

63. 小型氟利昂制冷系统，供液管道上的电磁阀与制冷压缩机（　　　）。

A. 同步开启　　　　　　　　　　　　　B. 异步开启

C. 随温度变化开启　　　　　　　　　　D. 随压力变化开启

64. 电磁阀的开启形式有（　　　）。

A. 一次开启式和二次开启式　　　　　　B. 二次开启式和三次开启式

C. 三次开启式和四次开启式　　　　　　D. 只有一次开启式

65. 油压差继电器的高压波纹管应与（　　　）连接。

A. 曲轴箱　　　　　B. 润滑油泵　　　C. 低压回气　　　D. 高压排气

66. 典型活塞式制冷压缩机油压差控制器本身具有（　　　）的延时功能，以保证正常起动。

A. 10~15s　　　　　B. 20~30s　　　　C. 30~40s　　　　D. 45~60s

67. 离心式制冷压缩机发生喘振故障的原因是：（　　　）。

A. 供油压差过高　　　　　　　　　　　B. 冷凝压力过低

C. 供油压差过低　　　　　　　　　　　D. 蒸发压力过低

68. 螺杆式制冷压缩机，机体温度过高的故障原因是：（　　　）且过热度过大。

A. 蒸发温度过低和冷凝温度过高　　　　B. 蒸发温度过高和冷凝温度过低

C. 吸气温度过高和冷却温度过低　　　　D. 吸气温度过低和排气温度过低

69. （　　　）会使螺杆式制冷压缩机能量调节机构不能动作。

A. 控制阀泄漏　　　　　　　　　　　　B. 油活塞卡死

C. 油泵流量过大　　　　　　　　　　　D. 高低压差过小

70. 离心式制冷压缩机主电动机不能起动的故障原因，下述错误的是：（　　　）。

A. 负荷过大　　　　B. 电压过低　　　C. 线路断开　　　D. 油压过高

二、**多项选择题**（第 71~80 题；将正确答案的字母填入括号中；每题 1 分，共 10 分）

71. lg$p$-h 图中有（　　　）。

A. 1 个临界点　　　　　　　　B. 2 条饱和线　　　　　　C. 3 个区域

D. 4 个基本参数　　　　　　　E. 6 簇等值线

72. 制冷剂在运行中的等焓过程是：（　　　）。

A. 内能保持不变　　　　　　　　　　　B. 外能保持不变

C. 内外能之和保持不变　　　　　　　D. 不与外界有能量交换

E. 在系统内部有能量交换

73. 制冷循环过程，在压 - 焓图上用（　　　　　）表示。

A. 等熵过程线　　　　　　B. 等焓过程线　　　　　　C. 冷凝过程线

D. 蒸发过程线　　　　　　E. 膨胀过程线

74. 卡诺循环是指由（　　　　　）所组成的可逆循环。

A. 1 个可逆等熵过程　　　　B. 1 个定熵过程　　　　　C. 2 个可逆等熵过程

D. 2 个定熵过程　　　　　　E. 3 个可逆等熵过程

75. 水冷式冷凝器可以通过（　　　　　），增强其散热效果。

A. 及时清除水垢　　　　　　B. 增加冷却水流量　　　　C. 加大进出水温差

D. 直接使用自来水　　　　　E. 直接使用地表水

76. 提高水冷式冷凝器的热交换效果，可采取（　　　　　）等方法。

A. 减小管道弯曲　　　　　　　　　　B. 加快冷却水流速

C. 防止冷却水产生紊流　　　　　　　D. 冷却水与制冷剂顺流

E. 冷却水与制冷剂逆流

77. 流体运动分为层流和紊流，下列说法正确的是：（　　　　　）。

A. 一般情况下紊流比层流放热效率低

B. 一般情况下紊流比层流放热效率高

C. 黏性小、流速快的流体放热效率高

D. 黏性大、流速慢的流体放热效率低

E. 层流气体比层流液体的放热效率高

78. 压缩比是指（　　　　　）的比值，一般要求单级压缩制冷系统的压缩比不得大于 10。

A. 冷凝压力与蒸发压力　　　　　　　B. 中间压力与冷凝压力

C. 蒸发压力与冷凝压力　　　　　　　D. p_k/p_0

E. p_0/p_k

79. 在 $\lg p\text{-}h$ 图上，双级压缩机一级节流中间完全冷却式双级压缩制冷系统的压力有（　　　　　）。

A. 冷凝压力　　　　　　B. 排气压力　　　　　　C. 蒸发压力

D. 吸气压力　　　　　　E. 中间压力

80. 开启式制冷压缩机的轴封形式有（　　　　　）。

A. 动圈式　　　　　　B. 扩压式　　　　　　C. 弹簧式

D. 滑块式　　　　　　E. 波纹管式

三、判断题（第 81~100 题；正确的填 "√"，错误的填 "×"；每题 1 分，共 20 分）

（　　　）81. 确定制冷剂状态点，一般只知道 p、h、t、s、v 中任意 2 个相对独立的参数，就可以在 lg$p$-h 图上确定代表该参数的状态点。

（　　）82. 在 lg$p$-h 图中，等温线在过冷区与等压线重合。

（　　）83. 单位容积制冷量是指 1kg 制冷剂在蒸发器内吸收的热量。

（　　）84. 吸入压缩机的制冷剂蒸气温度越低，单位容积制冷量越大。

（　　）85. 制冷剂在冷凝器中的放热过程是等温等压过程。

（　　）86. 实际压缩过程中要经过压缩、排气、膨胀、吸气 4 个过程。

（　　）87. 采用过热循环的制冷系统，制冷压缩机的排气温度会降低。

（　　）88. 在一定的蒸发温度下，冷凝温度越低，单位质量制冷量越大。

（　　）89. 制冷系统的冷凝压力与压力控制器控制的高压压力相等。

（　　）90. 调试就是调整冷凝器的工作温度。

（　　）91. 压缩比增大，可以提高制冷压缩机制冷量。

（　　）92. 制冷系统的冷凝压力与压力控制器控制的高压压力相等。

（　　）93. 在制冷系统中采用过冷循环，可降低单位质量制冷量。

（　　）94. 在一定的冷凝温度下，蒸发温度越低，单位质量制冷量越大。

（　　）95. 选择复叠式制冷循环的原因之一是蒸发压力低于大气压力，使空气渗入系统。

（　　）96. 强迫风冷式冷凝器的平均传热温差是 10~15℃。

（　　）97. 卧壳管式冷凝器，制冷剂和冷却水系统都是上进下出的流向。

（　　）98. 卧式壳管式冷凝器，冷却水的进出口温差一般控制在 4~6℃范围。

（　　）99. 墙排管式蒸发器的传热温差一般控制在 7~10℃。

（　　）100. 沉浸式蒸发器的蒸发温度与液体载冷剂的温度差控制在 5℃左右。

中级制冷工理论知识考试模拟试卷参考答案

一、单项选择题

1. A	2. B	3. C	4. C	5. A	6. D	7. A	8. B
9. A	10. A	11. D	12. C	13. A	14. D	15. B	16. A
17. C	18. D	19. C	20. C	21. A	22. B	23. C	24. C
25. A	26. B	27. C	28. D	29. A	30. D	31. B	32. A
33. C	34. D	35. D	36. D	37. C	38. B	39. D	40. C
41. C	42. C	43. C	44. B	45. A	46. C	47. B	48. D
49. A	50. C	51. A	52. B	53. D	54. C	55. B	56. A
57. D	58. D	59. D	60. C	61. C	62. C	63. A	64. A
65. B	66. D	67. D	68. A	69. B	70. D		

二、多项选择题

71. ABCE   72. CDE   73. ABCDE   74. CD   75. ABC
76. BE   77. BCD   78. AD   79. ACE   80. CE

三、判断题

81. √ 82. × 83. × 84. × 85. × 86. √ 87. × 88. √
89. × 90. × 91. × 92. × 93. × 94. × 95. √ 96. √
97. × 98. √ 99. √ 100. √

中级制冷工操作技能考核模拟试卷

试题 1　冷水机组蒸发器冷却能力的测定（10分）

表 1　冷水机组蒸发器冷却能力的测定考核评分表

序号	考核内容	考核标准	评分标准	配分	得分
1	选择测量仪器和设备	正确选择、检验测量仪器和设备	错误选择测量仪器或设备本题成绩记为 0 分	1	
2	正确测定水侧参数	正确测量水侧冷却能力	测量操作不规范，扣 1~3 分；有严重操作错误，扣除本项全部分数	5	
3	计算数据并填写检测记录	准确计算，规范填写检测记录	计算错误扣 1 分；填写错误扣 1 分	2	
4	操作时间	操作的熟练程度；在规定时间内完成	每超过 1min 扣 1 分，扣完为止；操作时间超出规定时间 2min，本题成绩记为 0 分	2	
		合计		10	

试题 2　对小型氟利昂制冷系统充注制冷剂（20分）

表 2　对小型氟利昂制冷系统充注制冷剂考核评分表

序号	考核内容	考核标准	评分标准	配分	得分
1	选择定量充注设备和制冷剂	正确选择定量充注设备和制冷剂	错误选择充注设备扣 1 分；错误选择制冷剂扣 2 分	4	
2	连接与拆除充注设备的操作	符合操作规范	拆卸操作不规范，扣 1~3 分；错误操作扣除本项全部分数	4	
3	按照制冷装置规定充注制冷剂	把握定量充注制冷剂的操作方法	充注制冷剂操作不规范，扣 1~3 分；有严重操作错误，扣除本项全部分数	5	

（续）

序号	考核内容	考核标准	评分标准	配分	得分
4	拆除充注设备的操作	符合操作规范	拆除操作不规范，扣 1~3 分；错误操作扣除本项全部分数	4	
5	操作时间	操作的熟练程度；在规定时间内完成	每超过 1min 扣 1.5 分，扣完为止；操作时间超出规定时间 2min，本题成绩记为 0 分	3	
合计				20	

试题 3　全自动化霜小型冷藏库电气控制系统的故障分析与排除（30 分）

表 3　全自动化霜小型冷藏库电气控制系统的故障分析与排除考核评分表

序号	考核内容	考核标准	评分标准	配分	得分
1	选择全自动化霜小型冷藏库电气控制系统模拟板（或实际设备）	正确选择电气控制系统模拟板（或实际设备）	错误选择模拟装置（或实际设备）本题成绩记为 0 分	3	
2	测量操作	根据考评员现场设定故障正确判断故障类型和部位	测量操作不规范，扣 1~4 分；错误操作扣除本项全部分数	5	
3	通电检测	判定故障类型和部位	通电测量过程操作不规范，扣 1~5 分；一般性操作错误，扣 6~9 分；严重操作错误，扣除本项全部分数	10	
4	分析故障原因	正确分析故障原因	分析故障不规范，扣 1~4 分；错误分析扣除本项全部分数	7	
5	操作时间	操作的熟练程度；在规定时间内完成	每超过 1min 扣 2.5 分，扣完为止；操作时间超出规定时间 2min 该题成绩记为 0 分	5	
合计				30	

试题 4　小型冷藏库制冷系统的操作与调整（20 分）

表 4　小型冷藏库制冷系统的操作与调整考核评分表

序号	考核内容	考核标准	评分标准	配分	得分
1	实际操作	按照考评员现场指定要求进行	操作不规范，扣 1~3 分；有非原则性错误，扣 4~6 分，有原则性错误扣除本项全部分数	8	
2	调整操作	按照考评员现场指定要求进行	调整不规范，扣 1~3 分；有非原则性错误，扣 4~6 分，有原则性错误扣除本项全部分数	8	

（续）

序号	考核内容	考核标准	评分标准	配分	得分
3	操作时间	操作的熟练程度，在规定时间内完成	每超过 1min 扣 1.5 分，扣完为止；操作时间超出规定时间 2min，该题成绩记为 0 分	4	
合计				20	

试题 5　简述压缩机的巡回检查及维护方法（笔答，20 分）

试题 5　简述压缩机的巡回检查及维护方法（20 分）得分_____

考评员（签字）：_____　　　　　年　　　月　　　日

参考答案要点：

（1）听　用听声音的方法，能较准确地判断出压缩机的运转情况。因为压缩机运转时，它的响声应是均匀而有节奏的。如果它的响声失去节奏声，出现了不均匀噪声，即表示压缩机的内部机件或气缸工作情况有了不正常的变化。

（2）摸　用手摸的方法，可知其发热程度，能够大概判断压缩机是否在超过规定压力、规定温度的情况下运行。

（3）看　主要是从视镜观察制冷剂的液面，看是否缺少制冷剂。

（4）量　主要是测量压缩机运行时的电流及吸、排气压力，能够比较准确地判断压缩机的运行状况。

参 考 文 献

［1］李援瑛.小型冷库安装与维修1000个怎么办［M］.北京：中国电力出版社，2016.

［2］李援瑛.小型冷藏库结构、安装与维修技术［M］.北京：机械工业出版社，2013.

［3］陈振选.空调与制冷系统问答［M］.北京：化学工业出版社，2007.

［4］张华俊.制冷机辅助设备［M］.武汉：华中科技大学出版社，2012.

［5］高增权.制冷与空调维修工问答390例［M］.上海：上海科学技术出版社，2009.

［6］张新德.快学快修冷库实用技能问答［M］.北京：中国农业出版社，2007.

参 考 文 献